RENGONG SHENJING
WANGLUO MOXING SHEJI ANLI

人工神经网络模型
设计案例

胡俊英　孙　凯　刘军民　吴石松　著

西北大学出版社
·西安·

图书在版编目（CIP）数据

人工神经网络模型设计案例 / 胡俊英等著 . 一 西安：
西北大学出版社，2024.5
ISBN 978-7-5604-5379-8

Ⅰ.①人… Ⅱ.①胡… Ⅲ.①人工神经网络—网络模
型—设计—案例 Ⅳ.① TP183

中国国家版本馆 CIP 数据核字（2024）第 091272 号

人 工 神 经 网 络 模 型 设 计 案 例

作　　者	胡俊英　孙　凯　刘军民　吴石松	
出版发行	西北大学出版社	
地　　址	西安市太白北路 229 号	
邮　　编	710069	
电　　话	029-88303059	
经　　销	全国新华书店	
印　　装	西安日报社印务中心	
开　　本	710mm×1000mm　1/16	
印　　张	13.5	
字　　数	297 千字	
版　　次	2024 年 5 月第 1 版　2024 年 5 月第 1 次印刷	
书　　号	ISBN 978-7-5604-5379-8	
定　　价	56.00 元	

本版图书如有印装质量问题，请拨打电话 029-88302966 予以调换。

前　言

　　人工智能的目的之一是制造有智慧的机器,并使机器拥有自我学习的能力,由此衍生出了机器学习这个子领域。机器学习是现代人工智能的核心技术,是实现人工智能的一种方法。机器学习(Machine Learning,ML)就是机器模仿人类思考的过程,使得机器能够做出决策。更具体地,人类在遇到新问题时,会参考以前的经验(脑海中的知识)去做决策。而经验,在机器学习中会以"数据"的形式存储。机器学习通过计算的手段处理这些数据(经验),进而改善系统自身的性能。机器学习有许多方法,近年来最耀眼的当数深度学习(Deep Learning,DL)这个分支。和传统的机器学习算法相比,深度学习技术有着两方面的优势:一是深度学习技术可随着数据规模的增加不断提升其性能,而传统机器学习算法难以利用海量数据持续提升其性能;二是深度学习技术可以从数据中直接提取特征,削减了对每一个问题设计特征提取器的工作,而传统机器学习算法需要人工提取特征。因此,深度学习成为大数据时代的热点技术,学术界和产业界都对深度学习展开了大量的研究和实践工作。

　　人工神经网络是深度学习领域最核心的技术。人工神经网络是一种受到生物神经系统启发的计算模型,它由一系列互相连接的神经元单元组成,通过模拟神经元之间的信息传递和处理来实现学习和推理。这些神经元单元之间的连接权重可以通过训练过程进行调整,从而使网络能够从数据中学习和捕捉模式。人工神经网络的不同架构和层次结构(如前馈神经网络、循环神经网络、卷积神经网络等)可用于不同类型的任务,如卷积神经网络在图像分类、目标检测、图像分割、人脸识别等与图像相关的任务中表现优异,循环神经网络在自然语言处理、序列生成、语音识别等与序列数据相关的任务中表现出色。尽管人工神经网络在过去几十年中取得了巨大的进展,并在各种任务上取得了显著的成果,但与人类智能相比,仍然存在巨大的差距。从模型的架构、层数、神经元数量和激活函数等出发,设计新型的模型结构来进一步提升模型的预测能力和泛化能力,是改进神经网络在不同任务上性能的一个有效的方法。总之,随着人工智能技术的不断发展,优秀的模型设计将继续推动人工智能领域的前进。

本书从提高神经网络模型的训练效率和模型性能出发,聚焦于网络模型结构的设计与实现,提出了一系列改进的或新设计的网络模型,并设计了相关的算法和数据实验,进一步增强了神经网络的发展。

全书共包括 10 章,具体内容如下:

第 1 章主要介绍神经网络的研究背景、研究意义、生物依据与研究现状。

第 2 章主要介绍神经网络的基础知识,包括构成网络的基本单元人工神经元模型和网络结构,并详细介绍了常用的激活函数以及经典的网络结构:前馈神经网络和卷积神经网络。

第 3 章介绍了一种可以进行高效训练的深度人工神经网络模型。该模型通过堆栈若干个极端学习机构建而成,通过贪婪逐层预训练这若干个极端学习机完成模型训练。该模型既继承了无监督极端学习机快速训练的优势,可以进行高效训练,又具有深度结构,可以提取到数据的高层次特征。

第 4 章介绍了一种基于限制玻尔兹曼机的修正的亥姆霍兹机。该修正的亥姆霍兹机通过额外引入的隐层与顶层构成一个限制玻尔兹曼机,基于该限制玻尔兹曼机可以更好地构建顶层节点的生成分布,从而整个模型可以更准确地构建数据的生成分布。

第 5 章介绍了一种能够学到更多判别信息的正则化的限制玻尔兹曼机。该模型通过对特征进行类内聚集和与类间排除的约束,要求同类别的特征尽可能相同,不同类别的特征尽可能疏远,将标签信息引入到特征表示中,使得模型学到的特征更具有判别性。

第 6 章介绍了一种具有多维连接权重的人工神经网络模型。该模型中节点间的连接权重是多维的,我们启发式地定义了节点的编码机制,使得不同维度的权重之间相互竞争与合作来完成信息传递。

第 7 章介绍了一种改进的表格神经网络模型用于更加准确地进行人口统计特征预测。该模型通过引入注意力机制来学习表格数据集中的特征对于预测目标的权重(全局信息),能够将全局和局部信息融合起来,从而更好地完成预测任务。

第 8 章介绍了一种广义极端学习机自编码器(GELM-AE)。该模型一方面在目标函数中引入了流形正则化项,来限制隐层和输出层之间的权重,保证了距离较近的原始数据在输出空间距离也较近;另一方面通过堆叠 GELM-AE 构建了多层广义极端学习机自编码模型(ML-GELM),此模型不仅保持了 ELM 的快速训练的特点,还有效继承了深度模型有效提取特征的优势。

第 9 章介绍了一种基于 Fisher 的主成分模型(FPCA),并进一步构建 FPCANet。FPCA 模型将结合 Fisher 线性判别分析融入到 PCA 中,可以充分利用标签信息提高模型的分类性能。又为了计算方便,引入了一个中间变量,设计了一个 FPCA 的逼近模型。理论上,我们分析了 FPCA 原始模型与逼近模型的关系,并且给出了逼近模型的收敛性分析。此外,通过堆叠 FPCA 的逼近模型,我们构建了一个可以提取到高层特征的深度网络,称为 FPCA 网络(FPCANet),进一步改进了模型的性能。

第 10 章介绍了一种新的动态路由卷积神经网络(DRCNN)。该模型提出了新的动态路由层,该层能够更好地混合来自不同视角之间的特征,减少信息损失。我们还举例证明了经典的视角池化层是我们提出的动态路由层的特例。大量的 3D 数据实验结果验证了 DRCNN 的有效性。

写作本书的目的是分享多年来我们在神经网络领域所做的研究工作,主要介绍了若干种网络模型的设计,使得读者能够对神经网络有一定的了解并能够初步掌握网络模型的设计,可以学以致用。目前,关于神经网络的技术层出不穷,本书通过展示我们多年来的研究成果,为人工智能方向的学生、老师以及想要使用神经网络解决实际问题的从业者提供一定的参考。

最后,感谢国家自然科学基金青年项目(12201490,12001428)、中国博士后科学基金项目(2021M702621)、"一带一路"创新人才交流外国专家项目(DL2023041005)、国家自然科学基金联合重点支持项目(U20B207)、国家自然科学基金面上项目(62276208,12371512)、陕西省杰出青年科学基金项目(S2024－JC－JQ－0024)对本书出版所提供的经费支持。

由于作者水平有限,书中不足及错误之处在所难免,还望读者海涵,敬请专家和读者给予批评指正,不胜感谢。

胡俊英　孙　凯　刘军民　吴石松
2024 年 3 月

目　录

第 1 章　绪　论

　　人工神经网络简称为神经网络,是受生物神经网络启发而设计的数学模型,是人工智能的核心组成部分之一,它为实现各种智能应用提供了强大的技术基础。通过构建深度神经网络,我们能够处理包括图像、语音、文本、视频在内的多种数据类型。人工神经网络的研究推动了计算机视觉、自然语言处理、语音识别、医疗诊断、金融和经济、智能制造等各个领域的发展,带来了许多技术突破和应用创新,推动了人工智能技术在各个领域的广泛应用和深入发展,使之向实现人工智能的目标一步步靠近。我们致力于神经网络的结构设计研究,即设计新型的神经网络结构或改进现有的结构,以提高神经网络的性能和适用性。此外,本书还简单介绍了经典的神经网络的结构以及学习规则。在本章中,我们先介绍神经网络的研究意义、生物启发及研究现状等基础知识。

1.1　研究背景及意义

　　人脑是自然界中最复杂的系统之一。据估计,一个成年人的大脑中约有一千亿个神经元细胞,这些数量巨大的神经元细胞通过突触互相连接,形成了一个高度复杂的生物网络。越来越多的证据表明,这个复杂而庞大的网络是大脑进行信息处理和认知表达的生理基础,也是人类进行分析、联想以及逻辑推理的能力来源。长期以来,大量研究者从信息学、认知学、生物学、生理学等领域进行深入研究,试图理解人脑的工作机制以及人类是如何从现实世界获取知识并进行运用的,基于此期望构建能够模拟大脑处理机制的智能计算机模型,最终使得机器具有人类的认知能力,可以智能地解决人工智能的相关问题。

　　人工神经网络作为连接主义智能的一种典型实现,试图通过采用广泛互联的结构和有效分层的学习机制来模拟人脑中的分层结构和分层信息处理模式，是人工智能的一个重要分支，也是进行人工智能研究的一个有用工具。生物神经元通过突触连接相互交流，突触连接的强度和方式在神经元学习的过程中发生变化，借以储存它们所学到的东西。人工神经网络就是由大量的用于模拟生物神经元信息处理机制的简单的人工神经元广泛地互相连接而形成的复杂网络系统，它反映了人脑功能的许多基本特征，是一个高度复杂的非线性动力学习系统，具有自主学习以及自主推断等智能行为。网络信息处理机制与学习规则都是依照生物神经网络来设计的，网络中的神经元受到周围与其相连的神经元的刺激产生相应的输出信号，该过程通过"线性加权求和"以及"激活函数映射"的数学计算方式完成，通过设计优化学习算法对网络结构和权重进行调整。

20 世纪 40 年代，心理学家 W. S. McCulloch 和数理逻辑学家 W. Pitts[1] 提出了 MP 模型，开启了人工神经网络的研究。1949 年，心理学家 Hebb[2] 提出了 Hebb 学习规则，认为神经元之间突触的联系强度是可变的，这种可变性是学习和记忆的基础，为构造有学习功能的神经网络模型奠定了基础。1957 年，Rosenblatt[3] 以 M-P 模型为基础，提出了具有现在神经网络的基本原则，结构上更加符合神经生物学的第一代人工神经网络模型，称为感知机。1986 年，Hinton 等人[4] 用多个隐层代替感知机的单一固定特征层，提出了第二代神经网络，并提出用误差后向传播算法进行模型训练，可以有效解决非线性分类问题。但是误差后向传播算法会随着网络层数的加深，残差越来越小，出现了所谓的"梯度弥散现象"，因此不适合训练深层网络模型，此时神经网络的研究进入了低潮期。直到 2006 年，Hinton 等人通过研究大脑中的图模型[5]，提出了贪婪逐层预训练算法[6]，可以很好地缓解网络训练中的梯度弥散问题。此后人工神经网络得到了研究者的广泛关注，随着大数据时代的到来以及计算机硬件的飞速发展，人工神经网络的研究工作不断深入，各种大规模网络被相继提出，用于解决越来越复杂的任务，已经取得了很大的进展，其在模式识别、智能机器人、自动控制、预测估计、生物、医学、经济等领域已成功地解决了许多现代计算机难以解决的实际问题，表现出了良好的智能特性。

人工神经网络模型也属于机器学习模型，从机器学习角度，可以将机器学习分为浅层学习算法和深度学习算法。具有多个隐层的人工神经网络模型属于深度学习算法，而传统的机器学习算法，如支撑向量机[7]（Support Vector Machine，SVM）、核回归[8]（Kernel Regression，KG）、隐马尔可夫模型[9]（Hidden

Markov Model, HMM)、最大熵模型[10]（Maximum Entory Model, MaxEnt）等，这些浅层算法的共性就是仅有一层的非线性操作。浅层学习算法主要是依赖人工特征，也就是依赖人工以往的经验去提取数据的特征，用模型学习后的特征表示是没有层次结构的单层特征，而且在面对海量数据时，往往会产生严重的过拟合问题。因此在有限样本和单层计算单元局限下，对复杂函数的表示能力有限，针对复杂分类问题其泛化能力受到一定制约。而深度人工神经网络模型算法是在原始输入数据上，通过逐层变化提取特征，将样本数据在原始的数据空间特征表示转换到新的特征空间，然后自动去学习得到层次化的特征表示，同时也展现出了强大的从大量样本集中学习数据集本质特征的能力。这种强大的从海量数据中提取高层次抽象特征的能力，使得人工神经网络成为目前人工智能最火的研究方向之一。

人工神经网络可以解决二元分类、多元分类甚至回归问题，有学者已经证明，通过引入非线性架构的神经网络，如果其自身的前馈神经元数量足够庞大复杂，理论上可以模拟任何函数，解决任何问题。尽管神经网络如此强大，但是在实际应用中也存在诸多挑战，例如在使用算法前需要对于众多的模型参数进行调整，这个过程就比较复杂；又如虽然各种强大计算设备的发展缓解了人工神经网络模型训练困难的问题，但是大型复杂模型的训练仍需要消耗过多的时间进行训练；又如虽然人工神经网络模型在解决人工智能任务方面取得了令人瞩目的成果，但是要达到真正的智能，还需要进一步的努力。本书着眼于人工神经网络的建模与算法研究，尝试构建可以进行高效训练的网络模型结构，同时通过引入先验知识或借鉴人脑神经元信息处理机制，构建性能更高、更加智能的人工神经网络模型。

1.2　生物依据及研究现状

1.2.1　生物依据

大脑皮层具有分层组织结构

大脑是一个约 1400 克的组织，结构复杂，功能强大。在这个三维组织的最外面是一层颜色较深的结构，这里是神经细胞的胞体所在，我们称之为大脑皮层。皮层下面的结构颜色较浅,这里是神经细胞的轴突所在,其作用是将皮层中的神经元信号传递出去,由于轴突外面往往包裹着一层颜色较浅的髓鞘,所以皮层下的组织也被称为白质。其结构在图 1-1[11,12] 给出。

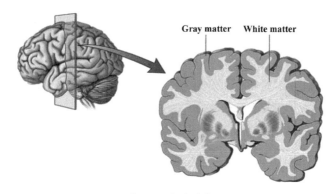

图 1-1　大脑结构

大脑皮层非常薄,平均厚度只有 2.5 毫米。事实上,大脑皮层并不是一个质地均匀的组织,如果我们把一小块大脑皮层放在显微镜下观察,就会发现大脑皮层是具有分层结构的。研究发现,灵长类动物的大脑皮层一般可以分为六层,位于颅骨下面的是最外层,也就是第一层,最靠近白质的是最内层,也就是第六层,图 1-2[13,14] 从左到右分别展示了黑猩猩、猕猴、松鼠猴、猫头鹰猴、狨猴、婴猴、狐猴、树鼩的视觉皮层结构。分层结构意味着大脑皮层中每一层的神经元类型可能是不同的,功能也可能是不同的。在过去的几十年中,科学家对感觉皮层(如视觉皮层、听觉皮层和运动皮层)的分层结构和功能进行了大量的探索和研究。研究发现:

(1)第一层是分子层,包含少量的神经元胞体和胞体位于其他层的锥体细胞的顶端树突簇,以及一些水平朝向的轴突,还有一些胶质细胞。

(2)第二层是外部颗粒层,包含小锥体神经元和众多的星形神经元。

(3)第三层是外部锥体细胞层,主要是中小型的锥体神经元,以及非锥体神经元的垂直朝向的皮层内轴突。第一层至第三层主要接收大脑半球之间的皮层内信息输入,第三层也是主要的皮层输出层。

(4)第四层是内部颗粒层,包含不同类型的星形神经元和锥体神经元,是丘脑到皮层的主要输入层。因此,初级感觉皮层的第四层特别厚。而初级运动皮层只接收少量的输入信息,需要输出大量的信息来指挥肢体的运动。因此,初级运动皮层的第四层特别薄。

（5）第五层是内部锥体细胞层，包含大型的锥体神经元，其轴突会离开皮层到达亚皮层结构，比如基底核。

（6）第六层是多形态层，包含少量的大型锥体神经元、一些小的纺锤形锥体神经元和多形态神经元。第六层将信息传入到丘脑，建立皮层和丘脑之间非常精确的双向连接。

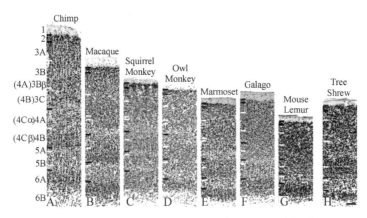

图 1-2　灵长类动物的初级视觉皮层分层结构

视觉系统具有分层信息处理机制

1981 年，神经生物学家 David Hubel、Torsten Wiesel 与 Roger Sperry 获得了诺贝尔医学奖。前两位的主要贡献是发现了人的视觉系统的信息处理是分级的。这一发现揭示了人眼处理外界视觉信息时，遵循图 1-3[15,16] 所示的过程：视觉信息从视网膜（Retina）出发，经过低级的 V1 区提取边缘特征，到 V2 区的基本形状或目标的局部，再到高层 V4 的整个目标（如判定为一张人脸），以及到更高

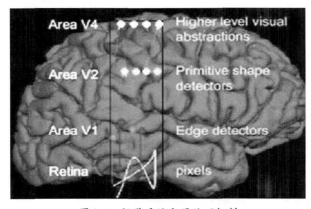

图 1-3　视觉系统分层处理机制

层的 PFC(前额叶皮层)进行分类判断等。也就是说,高层的特征是低层特征的组合,从低层到高层的特征表达越来越抽象,语义和表现越来越清晰,对目标的识别越来越精确。

这个发现激发了人们对神经系统的进一步思考。大脑的工作过程是一个对接收信号不断迭代、不断抽象概念化的过程,如图 1-4[17,18]所示,从原始信号摄入开始(瞳孔摄入像素),接着做初步处理(大脑皮层某些细胞发现边缘和方向),然后抽象(大脑判定眼前物体的形状,比如是椭圆形的),然后进一步抽象(大脑进一步判定该物体是一张人脸),最后识别人脸。这个过程其实和我们的常识是相吻合的,因为复杂的图形往往就是由一些基本结构组合而成的。同时我们还可以看出,大脑是一个深度架构,认知过程也是深度的。

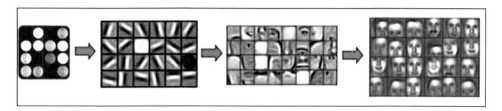

图 1-4　视觉系统的逐层特征提取

人工神经网络在结构和功能上受启于上述的分层结构与分层信息处理机制,由大量的人工神经元构成以分层的方式进行排列,通过连接权重进行节点间的连接,构成最终的网络模型。图 1-5 给出人工神经网络的结构图,信息从输入层进入网络,然后自底向上逐层进行信息传递,随着层数的提高,所提取出的数据的特征越来越抽象,最后得到与具体任务相关的网络输出。

1.2.2　研究现状

2006 年,机器学习泰斗、多伦多大学计算机系教授 Hinton 在 *Science* 发表文章[6],提出深度信念网络(Deep Belief Networks, DBN),可基于限制玻尔兹曼机使用非监督的

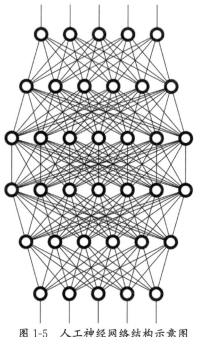

图 1-5　人工神经网络结构示意图

贪婪逐层预训练算法进行模型训练,有效缓解了深度人工神经网络的"梯度弥散"问题,为训练深度神经网络带来了希望。这篇文章有两个主要的观点:一方面,深度人工神经网络具有强大的特征提取能力,提取出的特征包含更多的语义信息,对目标的刻画更准确;另一方面,深度神经网的"梯度弥散"问题,可以通过"逐层训练"的初始化方式进行有效缓解。2012 年,Hinton 又带领学生参加了 ImageNet 图像识别大赛,提出了"AlexNet"深度卷积神经网络算法[19]。该算法在 ImageNet 数据集上的目标识别错误率降至 16%,远低于第二名的识别错误率 40%。可以说,人工智能在"看特定的图"这件事上第一次接近了人类,开启了神经网络在学术界和工业界的研究浪潮。

深度神经网络研究极大地促进了机器学习的发展,受到世界各国相关领域研究人员和高科技公司的重视。语音、图像和自然语言处理是深度神经网络算法应用最广泛的三个主要研究领域,接下来我们在这三个应用领域介绍神经网络的研究现状。

语音处理

语音识别正闯入我们的生活,它内置于我们的手机、游戏机和智能手表,它甚至正在让我们的家庭变得自动化。近几年来,深度人工神经网络被广泛应用于解决语音识别问题,从而大幅提高了语音识别的准确率。现如今,语音识别已经可以在需要精心控制的环境之中使用。早在 20 世纪 30 年代,人们就开始对语音识别问题进行研究。在很长的一段时间内,使用 HMM-高斯混合模型(Gaussian Mixture Model,GMM)建模的声学模型一直是处于领先水平的语音识别系统[20,21],但是该方法存在音频信号表征的低效问题,其性能的进一步提高遇到了瓶颈,直到 Li Deng 等人开始尝试用深度神经网络来建模声学模型,并应用在语音识别领域[22-24],大幅提高了语音识别的准确率,打破了这一僵局。随后大量的深度学习模型被提出来用以专门解决语音识别问题,并取得了惊人的成绩。2016 年 9 月,微软在标准 Switchboard 语音识别任务取得了历史最低的词错率 6.3%。2017 年 8 月,微软语音和对话研究团队宣布微软语音识别系统在日常对话数据集成的语音识别技术上已达到人类专业水平,错误率进一步降低到 5.1%,可与专业速记员比肩。此次突破大幅刷新原先的纪录,是语音识别领域新的里程碑。由此可见,深度学习技术对语言识别率的提高有着不可忽略的贡献。

图像识别

图像识别是人工神经网络最早尝试的应用领域。早在 1989 年,加拿大多伦多大学教授 Yann LeCun 等人[17]就提出了卷积神经网络(Convolutional Neural Networks,CNN),它是一种包含卷积层的深度神经网络模型。起初,卷积神经网络在小规模的问题上取得了当时世界最好成果,一度受到研究者的追捧,但是由于卷积神经网络在大尺寸图像上的应用一直不能取得理想结果,因此在很长一段时间里一直没有取得重大突破。直到 2012 年 10 月,Hinton 以及他的学生采用更深的卷神经网络模型在著名的 ImageNet 竞赛中取得了世界最好结果,又一次引起了人工神经网络在图像识别领域的热潮。此后设计的各种深度人工神经网络模型不仅避免了需要消耗大量时间进行人工特征的提取,大大提升了线运行效率,而且使得图像识别的精度有了大幅提高。到目前为止,已成功用于解决各种图像识别的相关任务,包括人脸识别[25]、图像分类[26]、行人检测[27]、物体跟踪[28]、视频里的人体动作识别[29]等。Google DeepMind 和牛津大学[30]还设计了 LipNet 网络,用于读唇语,准确率高达 93%,远远超过人类 52% 的水平。

自然语言处理

自然语言处理(NLP)是人工智能和语言学的一部分,它致力于使用计算机理解人类语言中的句子或词语,以降低用户工作量并满足使用自然语言进行人机交互的愿望为目的的。一直以来,解决 NLP 问题的机器学习方法都是基于浅层模型,例如 SVM 和逻辑回归(Logistic Regression),其训练是在非常高维、稀疏的特征上进行的,极度依赖手写特征,既耗费时间,又总是不完整,而且需要语言定义规则的专家来涵盖特定的案例,这些工作只针对具体的特殊情况,其泛化能力非常脆弱。在过去几年,由于词嵌入与深度神经网络的成功兴起,人们尝试将深度人工神经网络用于解决 NLP 问题,目前基于密集向量表征的神经网络在多种 NLP 任务上都产生了不错的成果。2011 年,Collobert 等人[31]证明了利用简单的深度学习框架就可以在实体命名识别(NER)任务、语义角色标注(SRL)任务、词性标注(POS Tagging)任务等多种 NLP 任务上达到最优的结果,从此,各种基于深度学习的复杂算法被提出来解决 NLP 问题。Mikolov 等人[32]发现通过增加多个隐层进行多次递归,使用深层的神经网络语言模型可以提高模型性能,超过了当时最好的基准模型的性能。2016 年,谷歌宣布将用神经机器翻译模型取代基于短语的整句机器翻译模型。谷歌大脑负责人 Jeff Dean 表示,这意味着用 500 行神经网络模型代码取代 50 万行基于短语的机器翻译代码。此外,基于深度人工神经网络的语言模型还被成功用于情感分析[33]、语义消歧[34]等自然语言处理任务中,并明显超越当时的最优方法,取得了惊人的成绩。

第 2 章　神经网络入门

　　人工神经网络的设计灵感来自大脑的生物神经网络,通过模拟大脑神经元的工作原理以及神经元之间的连接方式,构建了一种具有分层结构和分层信息处理机制的信息传递网络,以试图模拟生物神经网络的工作原理。虽然人工神经网络并不是完美地复制生物神经系统,但它们借鉴了生物神经网络的一些基本概念,以实现类似的信息处理能力。在本章中,我们将主要介绍神经网络的一些基本概念,包括人工神经元模型、激活函数、网络结构,为后续针对具体问题设计模型结构打基础。

2.1　人工神经元模型

　　神经元模型是人工神经网络的基本组成单元,它是对生物神经元的抽象化描述,用于模拟生物神经元的一些基本原理,以实现类似的信息传递和处理过程。神经元模型接收多个输入信号,经过加权求和和激活函数处理后,产生输出,它在神经网络中负责信息的传递和特征的提取。

2.1.1　生物神经元

　　在介绍人工神经元之前,我们先了解一下什么是生物神经元。生物神经元通过神经网络相互连接和传递信号,形成复杂的神经回路。这些神经回路在大脑和神经系统中负责各种感知、运动、记忆、学习和认知等功能。通过生物神经元之间的相互作用,人类和其他生物能够感知外界的环境、做出决策并执行动作,实现各种复杂的生理和心理活动。生物神经元是生物神经系统的基本功能单元,它具有特定的结构,使其能够接收、处理和传递信息。虽然生物神经元的结构会因不同类型和位置而有所不同,但基本上由细胞体、树突、轴突和突触四部分组成,如图 2-1 所示。

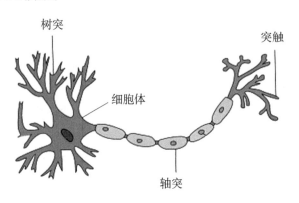

图 2-1　生物神经元结构图

(1)细胞体:细胞体由细胞核、细胞质和细胞膜等组成,是神经元的主要部分。它根据输入信号的强度和类型来整合信息,决定神经元是否激活,并产生相应的输出信号。

(2)树突:树突是精致的管状延伸物,是细胞体向外延伸出的许多较短的分支,围绕细胞体形成灌木丛状,它们的作用是接受来自四面八方传入的神经冲击信号,相当于细胞的"输入端"。信息流从树突出发,经过细胞体,然后由轴突传出。

(3)轴突:轴突是由细胞体向外冲出的最长的一条分支,形成一条通路,信号能经过此通路从细胞体长距离地传送到脑神经系统的其他部分,其相当于细胞的"输出端"。

(4)突触:突触的作用是神经元之间通过一个神经元的轴突末梢和其他神经元的细胞体或树突进行通信连接,这种连接相当于神经元之间的输入、输出的接口。

以上是典型的生物神经元结构,不同类型的生物神经元在其特定功能和位置上可能会有一些结构上的差异。然而,所有神经元都具有类似的功能,即接收、处理和传递信息,这种信息传递通过神经元之间的连接和突触传递机制实现。生物神经元的复杂连接和相互作用形成了复杂的生物神经网络,这在大脑和神经系统中发挥着重要的功能。

2.1.2　人工神经元

人工神经元也称为神经元或节点,是对生物神经元的功能和结构进行模拟的数学模型,是神经网络的基本组成单位。目前最常见的神经元模型是基于1943 年 Warren McCulloch 和 Walter Pitts 提出的"M-P 神经元模型"[1],其结构图如图 2-2 所示。在这个模型中,神经元接收到来自 n 个其他神经元传递过来的输入信号,这些输入信号通过带权重的连接(Connection)进行传递,神经元接收到的总输入值将与神经元的阈值进行比较,然后通过"激活函数"(Activation Function)处理以产生神经元的输出。这些输入信号对应于生物神经元接收到的生物电信号;加权求和与激活函数作用模拟了生物神经元的细胞体对生物电信号的叠加和整合过程;输出模拟了轴突,即神经元的输出端。

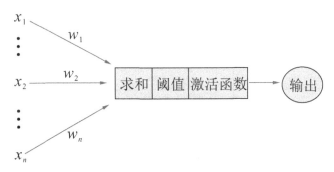

图 2-2　人工神经元结构图

从计算机科学的角度,图 2-2 的神经元模型可以看作是一种数学模型,可以公式化为

$$y = f\left(\sum_{i=1}^{n} w_i x_i + \theta_i\right), \tag{2-1}$$

其中 $(x_1, x_2, \cdots, x_n)^{\mathrm{T}}$ 是神经元的输入,$w_i, i = 1, 2, \cdots, n$ 是连接权重,表示神经元之间的连接强度,$f(x)$ 是激活函数,θ_i 是阈值。

2.1.3　激活函数

神经元的激活函数是一种非线性函数,是神经网络模型重要的组成部分,它决定神经元的输出是否被激活并传递给下一层。激活函数在神经网络中非常重要,因为它引入了非线性性质,使得神经网络可以学习和逼近更加复杂的函数关系。常见的神经元激活函数包括:

Sigmoid **函数**

Sigmoid 函数又称 Logistic 函数,用于隐层神经元输出,取值范围为 $(0,1)$,可以用来做二分类。Sigmoid 函数是非线性函数,引入了非线性性质,使得神经网络可以学习和逼近更加复杂的函数关系。其数学表达式为

$$f(x) = \frac{1}{1 + e^{-x}},\tag{2-2}$$

其几何形状是一条 S 形曲线,图像如图 2-3 所示。

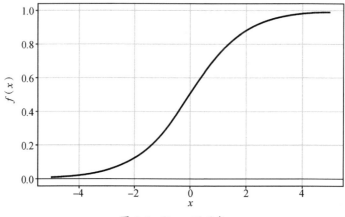

图 2-3   Sigmoid 函数

Sigmoid 函数在早期神经网络中取得了一定的成功,但后来发现它存在一些问题,特别是梯度消失的问题:在 Sigmoid 函数的两端,其斜率接近于零,导致在反向传播过程中梯度变得非常小,从而导致训练过程中梯度消失。

Tanh **函数**

Tanh 函数是双曲正切函数,它是 Sigmoid 函数的变种,将输入值映射到 $-1\sim 1$ 的范围。Sigmoid 函数以 0.5 为中心,而 Tanh 函数以 0 为中心,即在输入为正值和负值时,输出值的变化对称。这种对称性使得神经网络在学习和处理对称性问题时更加灵活。Tanh 函数的数学表达式为

$$f(x) = \frac{(e^x - e^{-x})}{(e^x + e^{-x})},\tag{2-3}$$

其函数图像如图 2-4 所示。

尽管 Tanh 函数以原点为中心优于 Sigmoid 函数,但它仍然存在与 Sigmoid 函数类似的问题,特别是在输入值较大或较小的情况下,导数趋近于零,仍可能导致梯度消失问题。

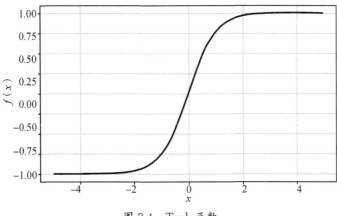

图 2-4 Tanh 函数

ReLU 函数

ReLU 函数是线性整流函数（Rectified Linear Unit，ReLU），又称为修正线性单元，是一个分段函数，在人工神经网络中被广泛用于激活函数。ReLU 函数在输入大于零时梯度为 1，而在输入小于等于零时梯度为 0。相较于 Sigmoid 和 Tanh 函数，在训练过程中，ReLU 函数不会出现梯度消失的问题，这有助于更好地训练深层网络。其解析式为

$$f(x) = \max(0, x) 。 \tag{2-4}$$

从解析式 (2-4) 可以看出，ReLU 函数把所有的负值都变为 0，而正值不变，这种操作被称为单侧抑制，这使得神经网络中的神经元也具有了稀疏激活性，从而使得网络模型能够更好地挖掘相关特征，拟合训练数据。其函数图像如图 2-5 所示。

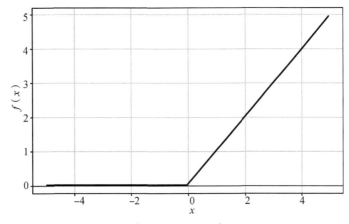

图 2-5 ReLU 函数

由于 ReLU 函数在实际应用中的优点,它成为深度学习中最常用的激活函数之一。尤其在卷积神经网络等深层网络中,ReLU 函数被广泛应用,因为它能够有效地提高网络的训练速度和性能。然而,ReLU 函数也存在一个问题,即在输入值小于等于零时输出为零,可能导致某些神经元永远不会被激活,这就是称为"神经元死亡"的问题。为了解决这个问题,还有一些 ReLU 的变种,如 Leaky ReLU、Parametric ReLU 和 Exponential Linear Unit 等,它们在 ReLU 的基础上进行了改进,更好地适应不同的任务和网络结构。

2.2　网络结构

人工神经网络由大量节点(神经元)之间相互连接构成,节点间的连接赋予权重,表示节点间的连接强度,是网络的模型参数。网络通常包含一个输入层,一个或多个隐层,一个输出层。输入层是神经网络的第一层,负责接收输入数据并将其传递给下一层。每个输入神经元对应输入数据的一个特征。输入层的神经元数量与输入数据的特征数量相对应。隐藏层是位于输入层和输出层之间的一层或多层。它们的作用是对输入数据进行特征提取和转换,增加网络的表达能力。每个隐藏层包含多个神经元,每个神经元接收来自上一层的输出,并输出到下一层。输出层是神经网络的最后一层,负责生成网络的最终输出结果。输出层的神经元数量通常与任务的输出维度相对应。不同任务可能需要不同的输出层设计,如二分类任务、多分类任务或回归任务等。

虽然神经网络都包括输入层、隐层与输出层,但是节点的不同连接方式构成了不同的网络结构。比较常见的连接方式有全连接、局部连接。全连接是最简单的连接方式,也被称为密集连接。在全连接中,每个节点都与上一层的所有节点相连,即每个节点接收来自上一层所有节点的输出作为输入。这种连接方式在传统的前馈神经网络中常见。局部连接是一种部分连接方式,不同于全连接,每个节点只与上一层的一部分节点相连。这样的连接方式在卷积神经网络中广泛使用,主要用于提取图像等数据中的局部特征。下面我们分别介绍这两种模型的结构。

2.2.1　前馈神经网络

前馈神经网络(Feedforward Neural Network,FNN)是最基本、最常见的神

经网络结构之一,广泛应用于各种任务,包括图像分类、语音识别、自然语言处理、回归问题等。图 2-6 展示了具有两个隐层的前馈神经网络。如图所示,前馈神经网络的节点层内没有连接,相邻层的节点进行全连接,跨层节点之间也没有连接。这种连接方式称为前向连接,是最基本的连接类型,信息从输入层经过隐藏层传递到输出层,不存在反馈回路。在前向连接的神经网络中,信息流动是单向的,每层的神经元仅接收来自上一层的输入,并输出到下一层。感知数据从输入层进入网络,然后与第一层的连接权重进行加权求和,再经过激活函数作用得到第一个隐层的输出,用同样的方式得到第二个隐层的输出,最后传递到输出层得到最终的网络输出。图 2-6 中的模型参数为:$\boldsymbol{W}^1, \boldsymbol{b}^1, \boldsymbol{W}^2, \boldsymbol{b}^2, \boldsymbol{W}^O, \boldsymbol{b}^O$。其中,$\boldsymbol{W}^1$ 表示输入层与第一个隐层的连接权重,$\boldsymbol{b}^1$ 表示第一个隐层的偏置,作用是调节对应节点响应的阈值。类似地,$\boldsymbol{W}^2$ 表示第一个隐层与第二个隐层的连接权重,$\boldsymbol{b}^2$ 表示第二个隐层的偏置,$\boldsymbol{W}^O$ 表示第二个隐层与输出层的连接权重,$\boldsymbol{b}^O$ 表示输出层的偏置,这些参数根据具体的任务需要学习,使得模型可以正确处理任务。我们公式化这个数据编码过程为:

第一个隐层的输出:$\boldsymbol{X}^1 = f_1(\boldsymbol{X} * \boldsymbol{W}^1 + \boldsymbol{b}^1)$; (2-5)

第二个隐层的输出:$\boldsymbol{X}^2 = f_2(\boldsymbol{X}^1 * \boldsymbol{W}^2 + \boldsymbol{b}^2)$; (2-6)

输出层的输出:$\boldsymbol{X}^o = f_3(\boldsymbol{X}^2 * \boldsymbol{W}^O + \boldsymbol{b}^O)$。 (2-7)

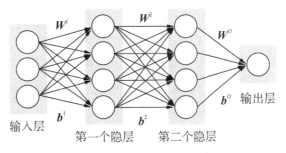

图 2-6 两个隐层的前馈神经网络

尽管前馈神经网络在一些简单任务上表现良好,但随着深度学习的发展,更复杂的网络结构和新的技术被提出,例如后续要介绍的 CNN 模型,这个模型使得神经网络在处理图像、语音、自然语言等数据上取得了巨大的进步。因此,前馈神经网络在某些场景下仍然有应用,但在复杂任务和大规模数据上可能受到一些限制。

2.2.2 卷积神经网络

卷积神经网络(Convolutional Neural Network,CNN)是一种特殊的神经网络结构,特别适合处理图像和视觉任务。它是深度学习中的一个重要分支,广泛应用于计算机视觉、图像识别、目标检测、图像分割等领域,取得了许多令人瞩目的成就。类似于前馈神经网络,感知数据从 CNN 的输入层引入网络,然后经过多个隐层提取特征,最后通过输出层进行预测。不同之处在于,网络中节点的连接方式及信息处理方式不同,在 CNN 中,每个节点只连接到输入数据的一小部分区域,而不像前馈神经网络那样每个节点与所有输入节点相连接。这样的局部连接模式使得 CNN 能够捕捉到输入数据的局部特征,而不受整体结构的影响。图 2-7 给出了包含两个卷积层构成的隐层的卷积神经网络。数据通常以二维或三维数组的形式输入 CNN,然后分别经过卷积和池化层获取数据的特征,再经过全连接层整合特征,最后经过输出层进行预测。

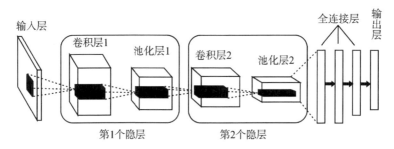

图 2-7 卷积神经网络结构图

CNN 的主要构成部分包括卷积层、池化层和全连接层。卷积层负责提取图像中的局部特征;池化层用来大幅降低参数量级(降维);全连接层类似前馈神经网络的部分,用于整合前一层的特征。下面详细介绍卷积层和池化层。

卷积层

卷积层(Convolutional Layer)是卷积神经网络的核心组成部分之一,用于在输入数据上执行卷积操作。卷积层的主要作用是通过滑动一个小的滤波器(也称为卷积核)在输入数据上进行局部特征提取。每个卷积核都是一个小的矩阵,包含了一组可学习的参数(权重),这些参数在训练过程中通过反向传播来优化。在执行卷积操作时,卷积核在输入数据上滑动,对输入数据的每个局部区域进行逐元素相乘,并将结果求和,从而得到输出特征图。这个过程可以看作是一种特

征提取的方式,通过不同的卷积核可以提取出输入数据中不同的特征。卷积层通常具有以下几个重要的参数:

(1)卷积核的数量:决定了在该层中要使用多少个不同的卷积核,每个卷积核都负责提取一种特定的特征;

(2)卷积核的大小:指定了每个卷积核的空间范围,例如,(3,3)表示一个 3×3 的卷积核;

(3)步幅(Stride):决定了卷积核在输入数据上滑动的步长,从而影响输出特征图的大小;

(4)填充(Padding):在输入数据周围添加额外的像素,可以用于控制输出特征图的大小和边界效果。

为了公式化展示卷积操作,设输入数据为二维图像 I,卷积核为 K,O 为卷积计算的输出,则卷积操作的数学表示为

$$O(i,j) = (I * K)(i,j) = \sum_m \sum_n I(m,n)K(i-m,j-n), \qquad (2\text{-}8)$$

其中 $*$ 表示卷积操作,$O(i,j)$ 表示输出数据的元素在位置 (i,j) 的值,$I(m,n)$ 表示输入数据的元素在位置 (m,n) 的值,$K(i-m,j-n)$ 表示卷积核 K 在 $(i-m,j-n)$ 位置的值,$\sum$ 为求和符号,表示对所有的 m,n 进行求和。这个公式描述了卷积操作的本质:将输入数据中的每个像素与卷积核中对应位置的权重相乘,然后将所有相乘的结果进行累加,得到输出数据中对应位置的值。

图 2-8 给出了在二维张量上的卷积计算,其中输入 3×4 的矩阵,卷积核大小为 3×3,步长设置为 1,得到的输出是 2×3 的矩阵。

如图 2-8 所示,卷积核先于输入数据的左上角位置 $(0,0)$ 对齐,把卷积核的每个元素跟输入数据的对应位置的元素相乘并相加,得到输出的左上角位置的值 $(aw+bx+ey+fz)$;将卷积核向右滑动 1 个元素,让卷积核与输入数据中的 $(0,1)$ 位置对齐,同样将卷积核的每个位置与输入数据对应位置的元素相乘并相加,得到输出 $(0,1)$ 位置的取值 $(bw+cx+fy+gz)$;将卷积核继续向右滑动 1 个元素,相似的计算方式得到输出 $(0,2)$ 位置的取值 $(cw+fx+gy+hz)$;将卷积核从输入数据最左边向下移动一个元素,进行相似的计算得到输出 $(1,0)$ 位置的值 $(ew+fx+iy+jz)$;剩余位置的输出值按照类似的方式每次滑动一个元素进行计算,最终得到整个输出值。

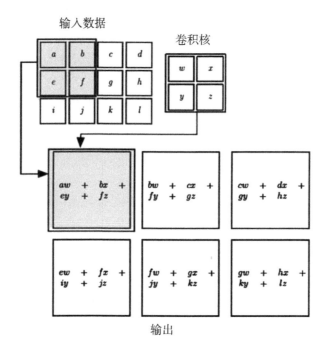

图 2-8　二维卷积操作

池化层

池化层(Pooling Layer)是卷积神经网络中的另一个重要组成部分,用于在卷积层的输出上执行池化操作。池化操作是一种降采样(Down Sampling)技术,其主要作用包括:

(1)特征降维:池化操作可以减少特征图的尺寸,从而减少网络中参数的数量,加速网络的训练和推理过程;

(2)不变性:池化操作对输入数据的平移、缩放和旋转等变换具有一定程度的不变性,使得网络对这些变换具有一定的鲁棒性;

(3)特征选择:池化操作会保留输入数据中最显著的特征,有助于提取输入数据的主要信息,抑制冗余特征。

池化层主要有两种类型:最大池化(Max Pooling)和平均池化(Average Pooling)。这两种池化操作都是在一个固定大小的窗口内取最大值或平均值,然后将这个值作为池化后的输出。最大值池化:在滑动窗口内取最大值作为池化后的值,这样可以保留窗口内的最显著特征。最大值池化在一定程度上保留了图像中物体的边缘和纹理等重要特征。平均值池化:在滑动窗口内取所有值的平均值作为池化后的值,这种方法适用于更加平滑的特征提取。图 2-9 展示了平均池化与最大池化,其中(a)图展示了平均池化操作,将 4×4 的输入数据不重叠地划分成 4 个 2×2 的区域,计算每个区域的平均值;(b)图展示了最大池化操作,将 4×4 的输入数据不重叠地划分成 4 个 2×2 的区域,计算每个区域的最大值。

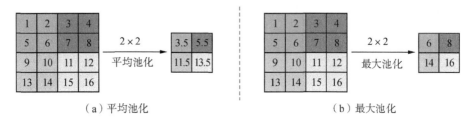

（a）平均池化　　　　　　　　　　　　（b）最大池化

图 2-9　平均池化与最大池化

　　这两种池化操作都是非参数化的,即不涉及需要学习的权重。它们通常与卷积层交替使用,共同构成 CNN 的主要组件。池化层一般会在卷积层之后,将卷积层提取的特征进行降采样,然后再传递给后续的卷积层或全连接层进行更高层次的特征提取和分类。总的来说,池化层是卷积神经网络中非常重要的组成部分,它有助于减少模型的复杂性、增加模型的计算效率,并帮助模型更好地学习图像的特征。

第3章　堆栈无监督极端学习机

众所周知,深层结构的神经网络模型可以捕获高层次的抽象特征。然而,现存的大量深度神经网络模型都需要花费很长的时间进行模型训练。极端学习机(Extreme Learning Machine,ELM)是一种人工神经网络模型,其输入层与隐层的连接权重以及隐层的偏置随机给出,在训练过程中不参与训练,其输出权重可以通过一个解析解直接得到。大量的理论与实验证明,ELM 具有模型训练速度快和模型辨识能力高的优点。在本章,我们通过堆栈若干个无监督的 ELM(Unsupervised ELM,USELM),构建了一种解决无监督问题的新的深度网络结构模型:堆栈极端学习机(St-USELM)。该模型不仅继承了深度网络模型的深层结构,可以提取高层特征,而且继承了 ELM 快速训练的优势,减少模型训练时间。我们通过大量数据集上的聚类实验证明 St-USELM 在准确度上优于目前最先进的聚类算法,在模型训练时间上,所用时间明显少于现存的深度学习方法。

3.1　引　言

单隐层前馈神经网络(SLFNs)是近几十年来研究的热点,然而现有的训练该模型的算法,例如著名的误差后向传播算法(Back-Propagation)[4]和莱文贝格-马夸特方法(Levenberg-Marquardt)[35],需要利用梯度方法通过一定的迭代步数来训练模型参数,通常具有较高的计算成本。最近,Huang 等人[36]提出了一种用于训练 SLFNs 的极端学习机(ELM)方法。与现有的很多方法不同,该方法随机生成连接输入层与隐层的连接权重(输入权重)和隐层偏置,仅仅训练连接隐层与输出层的连接权重和输出层偏置。通过最小化预测误差的平方和将对输出权重训练转化成一个岭回归问题,可以以解析的方式进行求解。已经证明了与传统的训练 SLFNs 的方法相比,ELM 方法具有更高的模型训练效率和更好的泛化性能[37-40]。

ELM 快速有效的优势使其在很多领域被广泛应用,然而这些应用大多数都是解决监督学习任务,比如回归任务与分类任务。事实上,在很多情况下,例如文本分类、信息检索、故障诊断、获取标签解决监督学习任务既费时又费钱,而大量未标记的数据却可以很容易而且很便宜地收集到。为了扩展 ELM 的应用领域,无监督的 ELM(US-ELM)[41]被提出来,使得 ELM 可以利用无标签数据解决无监督问题,该方法很好地继承了传统 ELM 的计算效率和学习能力。US-ELM 与 ELM 的结构相同,训练目标不同。US-ELM 引入流形正则化,使用光谱技术进行嵌套和聚类,训练的目标是使得结构上相近的数据,其 ELM 嵌套的特征也尽可能相同,详细介绍在第 3.2 节给出。

受到 US-ELM 可以快速进行模型训练以及深度网络结构可以提取高层特征的优势的启发,我们对 US-ELM 进行堆栈提出了一种新的深度网络模型 St-USELM,用以解决无监督问题。St-USELM 不仅继承了 US-ELM 可以快速进行模型训练的优势,而且拥有深度结构,可以提取数据的高层次特征。类似于 Hinton 等人[42]提出的贪婪逐层预训练算法,St-USELM 通过逐层训练 US-ELM,一次训练一个 US-ELM 模型,然后将这些 US-ELM 堆栈成一个深度网络模型,构成最终的 St-USELM 模型。我们在大量数据集上进行聚类实验,与现有的浅层聚类方法和深度学习方法进行实验比较。结果表明,与浅层聚类方法相比,St-USELM 可以提取到高层次抽象特征,在所有数据集上的聚类结果明显优于浅层方法的聚类结果;与现有的深度学习方法相比,St-USELM 的模型训练时间明显少于现有的深度学习方法所用的时间,所有数据集上的聚类结果也优于现有深度学习方法的聚类结果。

3.2　标准的 ELM 与 USELM 模型介绍

我们在这一节介绍标准的 ELM 和 USELM 的模型结构与训练算法。

3.2.1　标准的 ELM

ELM 是一种简单的人工神经网络模型,由一个输入层、一个隐层和一个输出层构成。具体的模型结构在图 3-1 中给出。每一个隐层节点的输出通过输入层的取值与对应连接权重的点积求和，再经过一个有界非线性激活函数作用得到。常用的激活函数有 Sigmoid 函数或高斯函数，本章我们使用 Sigmoid 激活函数，$\sigma(x)=1/(1+\mathrm{e}^{-x})$。输出层节点的输出由隐层节点的输出值与对应连接权重的点积求和得到。为了便于表述，我们给出如下的符号解释：

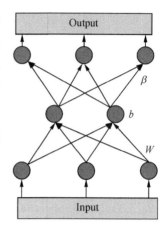

图 3-1 标准 ELM 模型结构

- n_i：输入层节点数；
- n_o：输出层节点数；
- n_h：隐层节点数；
- $\boldsymbol{W}_{n_i \times n_h}$：输入层到隐层的连接权重（输入权重），是 $n_i \times n_h$ 的矩阵；
- $\boldsymbol{b}$：隐节点偏置；
- $\boldsymbol{\beta}$：隐层到输出层连接权重（输出权重），是 $n_h \times n_o$ 的矩阵。

ELM 模型的训练思想非常简单：随机给定输入层权重 $\boldsymbol{W}$ 和隐节点偏置 $\boldsymbol{b}$，通过最小化预测误差的平方损失来更新输出权重 $\boldsymbol{\beta}$。给定 N 个训练样本 $\{\boldsymbol{X},\boldsymbol{Y}\}=\{\boldsymbol{x}_i,\boldsymbol{y}_i\}_{i=1}^{N}$，其中 $\boldsymbol{x}_i \in \mathrm{R}^{n_i}$。对于多分类问题，$\boldsymbol{y}_i$ 是数据标签，是一个 n_o 维的二值向量（只有一个分量取值为 1，表示该数据的类别，其余分量为 0）；对于回归问题，$\boldsymbol{y}_i \in \mathrm{R}^{n_o}$。训练 ELM 的目标函数为

$$\min_{\boldsymbol{\beta} \in \mathrm{R}^{n_h \times n_o}} \frac{1}{2}\|\boldsymbol{\beta}\|^2+\frac{\lambda}{2}\sum_{i=1}^{N}\|\mathbf{e}_i\|^2,$$
$$\text{s. t. } \boldsymbol{h}(x_i)\boldsymbol{\beta}=\boldsymbol{y}_i^{\mathrm{T}}-\mathbf{e}_i^{\mathrm{T}}, i=1,\cdots,N, \tag{3-1}$$

其中 $\boldsymbol{h}(x_i)=\sigma(x_i \boldsymbol{W}+\boldsymbol{b})$ 为数据 $\boldsymbol{x}_i$ 在隐层的输出，$\mathbf{e}_i \in \mathrm{R}^{n_o}$ 是对应于第 i 个训练样本的误差向量，λ 是惩罚参数。将目标函数（3-1）的约束项带入目标函数，得

$$\min_{\beta \in \mathrm{R}^{n_h \times n_o}} \frac{1}{2}\|\boldsymbol{\beta}\|^2+\frac{\lambda}{2}\|\boldsymbol{Y}-\boldsymbol{H}\boldsymbol{\beta}\|^2, \tag{3-2}$$

其中 $\boldsymbol{H}=[\boldsymbol{h}(\boldsymbol{x}_1)^{\mathrm{T}},\cdots,\boldsymbol{h}(\boldsymbol{x}_N)^{\mathrm{T}}]^{\mathrm{T}} \in \mathrm{R}^{N \times n_h}$。

为了得到上述目标函数（3-2）的最优解，我们对其求关于输出权重 $\boldsymbol{\beta}$ 的偏导数并令其偏导数为 0，得到如下等式：

$$\boldsymbol{\beta}-\lambda \boldsymbol{H}^{\mathrm{T}}(\boldsymbol{Y}-\boldsymbol{H}\beta)=0, \tag{3-3}$$

该等式的求解分两种情况：

情况 $1:N \geqslant n_h$，即矩阵 $\boldsymbol{H}$ 行数多于列数。

等式(3-3)是一个超定方程组问题，可以用最小二乘法得到如下解：

$$\boldsymbol{\beta}^* = (\boldsymbol{H}^{\mathrm{T}}\boldsymbol{H} + \frac{I_{n_h}}{\lambda})^{-1}\boldsymbol{H}^{\mathrm{T}}\boldsymbol{Y}, \tag{3-4}$$

其中 I_{n_h} 是 n_h 维的单位矩阵。

情况 $2:N < n_h$，即矩阵 $\boldsymbol{H}$ 列数多于行数。

等式(3-3)是一个欠定方程组问题，$\boldsymbol{\beta}$ 可能存在无穷多个解。为了求解该方程组，我们引入一个约束 $\boldsymbol{\beta} = \boldsymbol{H}^{\mathrm{T}}\boldsymbol{\alpha}(\boldsymbol{\alpha} \in \mathrm{R}^{N \times n_o})$，此时 $\boldsymbol{H}$ 是行满秩的，从而 $\boldsymbol{H}\boldsymbol{H}^{\mathrm{T}}$ 是可逆的。我们在等式(3-3)两边同乘以 $(\boldsymbol{H}\boldsymbol{H}^{\mathrm{T}})^{-1}\boldsymbol{H}$，得到

$$\boldsymbol{\alpha} - \lambda(\boldsymbol{Y} - \boldsymbol{H}\boldsymbol{H}^{\mathrm{T}}\boldsymbol{\alpha}) = 0。 \tag{3-5}$$

求解上式的 $\boldsymbol{\alpha}$ 并利用约束 $\boldsymbol{\beta} = \boldsymbol{H}^{\mathrm{T}}\boldsymbol{\alpha}(\boldsymbol{\alpha} \in \mathrm{R}^{N \times n_o})$ 得到 $\boldsymbol{\beta}$ 的解为

$$\boldsymbol{\beta}^* = \boldsymbol{H}^{\mathrm{T}}\boldsymbol{\alpha}^* = \boldsymbol{H}^{\mathrm{T}}(\boldsymbol{H}\boldsymbol{H}^{\mathrm{T}} + \frac{I_N}{\lambda})^{-1}\boldsymbol{Y}, \tag{3-6}$$

其中 I_N 是 N 维的单位矩阵。综上所述，ELM 的输出层参数由式(3-4)或(3-6)确定。总结 ELM 的详细训练流程将在算法 3-1 中给出。

Input：训练集 $\{\boldsymbol{X},\boldsymbol{Y}\} = \{\boldsymbol{x}_i,\boldsymbol{y}_i\}_{i=1}^N$；

Output：映射函数：$f:\mathrm{R}^{n_i} \rightarrow \mathrm{R}^{n_o}$；

1　随机初始化输入权重与隐层偏置：$\boldsymbol{W},\boldsymbol{b}$，

2　计算输出层权重 $\boldsymbol{\beta}$：若 $N \geqslant n_h$：用公式(3-4)计算 $\boldsymbol{\beta}$；若 $N < n_h$：用公式(3-6)计算 $\boldsymbol{\beta}$，

3　计算映射函数：$f(\boldsymbol{x}) = \boldsymbol{h}(\boldsymbol{x})\boldsymbol{\beta}$。

算法 3-1　ELM 训练流程

3.2.2　标准的 USELM

USELM 引入流形正则化，使得其可以利用无标数据解决无监督问题。在本节我们首先介绍流形正则化，然后再介绍 USELM 的模型与训练算法。

流形正则化

流形是几何中的概念，表示高维空间中的点构成的集合。流形学习认为实际数据是由一个低维流形映射在一个高维空间的，即其高维分布可以用一个低

维流形来唯一表示。机器学习中的流形正则化探索数据边际分布的几何特征，来应用无标签数据解决半监督任务[43,44]。半监督学习通常建立在两个假设下：(1)有标签数据$\boldsymbol{X}_l$与无标签数据$\boldsymbol{X}_u$通常具有相同的边际分布$P_{\boldsymbol{x}}$；(2)如果两个数据点$\boldsymbol{x}_1$和$\boldsymbol{x}_2$足够接近时，则它们的条件概率$P(\boldsymbol{y}|\boldsymbol{x}_1)$与$P(\boldsymbol{y}|\boldsymbol{x}_2)$也足够接近。第二个假设在机器学习中被广泛称为平滑假设，将这个假设应用到数据中，得到如下的流形正则化目标函数：

$$L_m = \frac{1}{2}\sum_{i,j} w_{ij}\|P(\boldsymbol{y}|\boldsymbol{x}_i) - P(\boldsymbol{y}|\boldsymbol{x}_j)\|^2, \tag{3-7}$$

其中w_{ij}是模式$\boldsymbol{x}_i$和$\boldsymbol{x}_j$的相似度。

通常，相似度矩阵$\boldsymbol{W}=(w_{ij})$是稀疏的，因为当且仅当模式$\boldsymbol{x}_i$和$\boldsymbol{x}_j$很接近时，即$\boldsymbol{x}_i$是$\boldsymbol{x}_j$的k近邻点或者$\boldsymbol{x}_j$是$\boldsymbol{x}_i$的k近邻点，相似度w_{ij}才是非0的。w_{ij}的非0值通常用高斯函数计算$\exp(-\|\boldsymbol{x}_i-\boldsymbol{x}_j\|^2/2\sigma^2)$，或简单设为1。

直观地，流形正则化公式(3-7)惩罚是在$\boldsymbol{x}$变化较小时，条件概率的$P(\boldsymbol{y}|\boldsymbol{x})$大变化。由于计算条件概率比较困难，可以用如下的公式近似公式(3-7)：

$$\hat{L}_m = \frac{1}{2}\sum_{i,j} w_{ij}\|\hat{\boldsymbol{y}}_i - \hat{\boldsymbol{y}}_j\|^2, \tag{3-8}$$

其中$\hat{\boldsymbol{y}}_i$和$\hat{\boldsymbol{y}}_j$是模式$\boldsymbol{x}_i$和$\boldsymbol{x}_j$的预测量。将上述公式用矩阵方式简化为

$$\hat{L}_m = Tr(\hat{\boldsymbol{Y}}^{\mathrm{T}}\boldsymbol{L}\hat{\boldsymbol{Y}}), \tag{3-9}$$

其中$Tr(\cdot)$表示矩阵的迹，$\boldsymbol{L}=\boldsymbol{D}-\boldsymbol{W}$是图拉普拉斯算子。$\boldsymbol{D}$是对角矩阵，对角元素为$D_{ii}=\sum_j w_{ij}$。文献[45]讨论了，基于某些先验知识，可以用$\boldsymbol{L}$的标准化形式$\boldsymbol{D}^{-\frac{1}{2}}\boldsymbol{L}\boldsymbol{D}^{-\frac{1}{2}}$或$\boldsymbol{L}^p$（$p$是整数）来代替$\boldsymbol{L}$。

USELM 模型及训练

在无监督背景下，所有的训练样本$\{\boldsymbol{X}\}=\{\boldsymbol{x}_i\}_{i=1}^N$都是无标签的，我们的目的就是找到原始数据的潜在结构。USELM 的模型结构与 ELM 相同，也是包含一个输入层、一个隐层和一个输出层，即图 3-1 所示的模型结构。与 ELM 的目标函数不同，用流形正则化(3-9)代替 ELM 目标函数中的误差项，就得到了 USELM 的目标函数：

$$\min_{\boldsymbol{\beta}\in\mathbf{R}^{n_h\times n_o}} \|\boldsymbol{\beta}\|^2 + \lambda Tr(\boldsymbol{\beta}^{\mathrm{T}}\boldsymbol{H}^{\mathrm{T}}\boldsymbol{L}\boldsymbol{H}\boldsymbol{\beta})。 \tag{3-10}$$

显然，上式总是在$\boldsymbol{\beta}=0$时取得最小值，为了避免得到退化解，按照文献[46]的解决方法，我们引入了一个额外的约束条件，得到最终的 USELM 的目标

函数：

$$\min_{\boldsymbol{\beta} \in \mathbf{R}^{n_h \times n_o}} \| \boldsymbol{\beta} \|^2 + \lambda Tr(\boldsymbol{\beta}^{\mathrm{T}} \boldsymbol{H}^{\mathrm{T}} \boldsymbol{L} \boldsymbol{H} \boldsymbol{\beta}),$$

$$\text{s. t. } (\boldsymbol{H}\boldsymbol{\beta})^{\mathrm{T}} \boldsymbol{H}\boldsymbol{\beta} = \boldsymbol{I}_{n_o}. \tag{3-11}$$

接下来我们讨论该目标函数的解。公式(3-11)可以被重新写为

$$\min_{\boldsymbol{\beta} \in \mathbf{R}^{n_h \times n_o}, \boldsymbol{\beta}^{\mathrm{T}} \boldsymbol{B} \boldsymbol{\beta} = \boldsymbol{I}_{n_o}} Tr(\boldsymbol{\beta}^{\mathrm{T}} \boldsymbol{A} \boldsymbol{\beta}), \tag{3-12}$$

其中 $\boldsymbol{A} = \boldsymbol{I}_{n_h} + \lambda \boldsymbol{H}^{\mathrm{T}} \boldsymbol{L} \boldsymbol{H}, \boldsymbol{B} = \boldsymbol{H}^{\mathrm{T}} \boldsymbol{H}$。很容易可以证得矩阵 $\boldsymbol{A}$ 和 $\boldsymbol{B}$ 都是埃尔米特矩阵。则根据 Rayleigh－Ritz 定理[47]，当且仅当 $\boldsymbol{\beta}$ 的列空间是如下广义特征问题

$$(In_h + \lambda \boldsymbol{H}^{\mathrm{T}} \boldsymbol{L} \boldsymbol{H}) v = \gamma \boldsymbol{H}^{\mathrm{T}} \boldsymbol{H} v. \tag{3-13}$$

有的前 n_o 个最小的特征值对应的特征向量展成的最小特征子空间时，上述的迹最小化问题(3-12)取得最小值。从而通过归一化广义特征问题(3-13)前 n_o 个最小的特征值的特征向量，然后叠加就得到式(3-11)的最优解。

在拉普拉斯特征映射算法中，由于第一个特征向量总是与 1 成比例的常数（对应于最小的特征值 0），因此第一个特征向量通常被丢弃不用[46]。在 USELM 的训练过程中，广义特征问题(3-13)的第一个特征向量也会导致嵌入中的微小变化，不利于数据表示，因此我们建议也抛弃这个平凡解。类似于 ELM，USELM 的解也分两种情况考虑：

情况 1：$N \geqslant n_h$，问题(3-13)是超定方程组问题。

令 $\gamma_1, \gamma_2, \cdots, \gamma_{n_o+1} (\gamma_1 \leqslant \gamma_2 \leqslant \cdots \leqslant \gamma_{n_o+1})$ 表示广义特征问题(3-13)前 $n_o + 1$ 个最小的特征值，$v_1, v_2, \cdots, v_{n_o+1}$ 为对应的特征向量，$\tilde{v}_i = v_i / \| \boldsymbol{H} v_i \|, i = 2, \cdots, n_o + 1$ 为标准化的特征向量。USELM 目标函数(3-11)的最优解为

$$\boldsymbol{\beta}^* = [\tilde{\boldsymbol{v}}_2, \tilde{\boldsymbol{v}}_3, \cdots, \tilde{\boldsymbol{v}}_{n_o+1}]. \tag{3-14}$$

情况 2：$N < n_h$，问题(3-13)是欠定方程组问题。

使用与求解 ELM 时相同的技巧，用如下公式替代公式(3-13)：

$$(\boldsymbol{I}_n + \lambda \boldsymbol{L} \boldsymbol{H} \boldsymbol{H}^{\mathrm{T}}) \mu = \gamma \boldsymbol{H} \boldsymbol{H}^{\mathrm{T}} \mu, \tag{3-15}$$

令 $\tilde{\mu}_i = \mu_i / \| \boldsymbol{H} \boldsymbol{H}^{\mathrm{T}} \mu_i \|, i = 2, \cdots, n_o + 1$ 为广义特征问题(3-15)的前 $n_o + 1$ 个最小的特征值对应的特征向量，则得到 USELM 目标函数(3-11)的最优解为

$$\boldsymbol{\beta}^* = \boldsymbol{H}^{\mathrm{T}} [\tilde{\boldsymbol{\mu}}_2, \tilde{\boldsymbol{\mu}}_3, \cdots, \tilde{\boldsymbol{\mu}}_{n_o+1}], \tag{3-16}$$

其中 $\tilde{\mu}_i = \mu_i / \| \boldsymbol{H} \boldsymbol{H}^{\mathrm{T}} \mu_i \|, i = 2, \cdots, n_o + 1$ 是标准化的特征向量。

如果我们的任务是聚类,那么我们可以采用 k-means 算法再对嵌入特征进行聚类。我们在算法 3-2 中总结了 USELM 的训练流程。

Input:训练集 $\{\boldsymbol{X}\} = \{\boldsymbol{x}_i\}_{i=1}^N$;

Output:

    1.嵌套任务:

        • n_o 维空间的嵌入:$\boldsymbol{E} \in \mathrm{R}^{N \times n_o}$;

    2.聚类任务:

        • 聚类索引的标签向量:$\boldsymbol{y} \in \mathrm{R}_+^{N \times 1}$,

1 从数据 $\boldsymbol{X}$ 中构建图拉普拉斯算子:$\boldsymbol{L}$,

2 随机初始化输入权重与隐层偏置:$\boldsymbol{W}, \boldsymbol{b}$,

3 计算隐层的输出矩阵:$\boldsymbol{H} \in \mathrm{R}^{N \times n_h}$,

4 计算输出层权重 $\boldsymbol{\beta}$:若 $N \geqslant n_h$:用公式(3-14)计算 $\boldsymbol{\beta}$;若 $N < n_h$:用公式(3-16)计算 $\boldsymbol{\beta}$,

5 计算嵌入矩阵:$\boldsymbol{E} = \boldsymbol{H}\boldsymbol{\beta}$,

6 聚类任务:把嵌入矩阵 $\boldsymbol{E}$ 的每行看作一个数据,用 k-means 方法将这 N 个数据聚类成 K 类,用 $\boldsymbol{y}$ 记录所有数据的聚类索引的标签向量。

算法 3-2　USELM 训练流程

3.3　St-USELM 模型与算法介绍

我们在本部分介绍本章提出的 St-USELM 的模型结构和训练算法。该模型用于解决无监督任务,例如嵌入任务或聚类任务。

St-USELM 是若干个 US-ELM 堆栈而成的人工神经网络模型,其中每一个 USELM 的输出作为下一个 USELM 的输入。我们以 3 个 USELM 堆栈成的 St-USELM 为例,在图 3-2 给出了具体的模型结构及训练流程。图 3-2 的右图给出了 St-USELM 的模型结构,包括一个输入层、5 个隐层和 1 个嵌入层,模型完成对输入数据的嵌入。图 3-2 的左图展示了 St-USELM 的贪婪逐层训练策略:利用训练数据先训练第一层的 USELM;固定第一个 USELM 的参数,将训练数据输入第一个 USELM,将 USELM 的输出作为训练第二个 USELM 的训练数据；固定前两个 USELM 参数,类似地,用第二个 USELM 的输出作为训练数据训练第三个 USELM。具体的训练流程在算法 3-3 中给出。

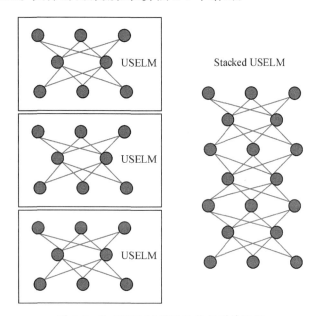

图 3-2 St-USELM 模型结构与训练流程

Input：训练集 $\boldsymbol{X} \in \mathrm{R}^{N \times n_i}$,用于堆栈的 USELM 个数 K,每个 USELM 的隐层节点数 $n_{h1}, n_{h2}, \cdots, n_{hK}$,每个 USELM 的嵌入维数 $n_{o1}, n_{o2}, \cdots, n_{oK}$。

Output：

  1. 嵌套任务：

    • n_o 维空间的嵌入：$\boldsymbol{E}_K$；

  2. 聚类任务：

    • 聚类索引的标签向量：$\boldsymbol{y} \in \mathrm{N}_+^{N \times 1}$,

1 令 $\boldsymbol{X}_1 = \boldsymbol{X}$,

2 **for** $k = 1, 2, \cdots, K$ **do**

3   随机初始化第 k 个 USELM 的输入权重和偏置：$\boldsymbol{W}_k, \boldsymbol{b}_k$,

4   用数据 $\boldsymbol{X}_k$ 训练第 k 个 USELM 的输出权重：$\boldsymbol{\beta}_k$,

5   计算第 k 个 USELM 的输出：$\boldsymbol{E}_k$,

6　│　若 $k<K$，$\boldsymbol{X}_{k+1}=\boldsymbol{E}_k$；否则结束循环，

7　**end**

8　聚类任务：把嵌入矩阵 $\boldsymbol{E}_K$ 的每行看作一个数据，用 k-means 方法将这 N 个数据聚类成 K 类，用 $\boldsymbol{y}$ 记录所有数据的聚类索引的标签向量。

算法 3-3　St-USELM 训练流程

USELM 是为了找到输入数据的潜在结构，而 St-USELM 是若干个 USELM 的堆栈，具有深层网络结构，从而可以利用提取的高层表示获取数据的更高层次的潜在结构。与 USELM 相比，当 St-USELM 训练良好时，往往能够捕捉到更高层次的潜在结构，从而能更好地完成聚类或嵌入任务。与传统的人工神经网络相比，St-USELM 是按 3 层的方式训练的，每次训练 1 个 USELM，继承了 USELM 快速训练的优势，其模型训练所用的时间更少。

3.4　实　验

我们在大量数据集上进行聚类任务评估我们的方法，分别与经典的浅层聚类方法［拉普拉斯特征映射（LE）[46] 谱聚类（SC）[48]］和深度学习算法：深度自编码（DA）[49]、堆栈自编码（SE）[50] 进行比较。

数据集：实验在 8 个数据集上进行，其中包括 4 个 UCI 数据集，即 IRIS、WINE、SEGMENT 和 GLASS[51]，2 个人脸识别数据，即 YALEB 和 ORL[52,53]，1 个多分类图片数据集 COIL20[54]，1 个手写体图片数据集 USPST。所有数据集在表 3-1 中列出。

表 3-1　实验数据

数据集	聚类个数	维数	样本数
IRIS	3	4	150
WINE	3	13	178
SEGMENT	7	19	2310
COIL20	20	1024	1440
USPST	10	256	2007

续表

数据集	聚类个数	维数	样本数
YALEB	15	1024	165
ORL	40	1024	400
GLASS	6	10	214

3.4.1　与浅层聚类方法比较

(1)实验设计:在这个实验中,St-USELM 使用两种模型结构,分别由 2 个和 3 个 USELM 堆栈而成,分别记为 St-USELM(2)和 St-USELM(3)。在数据集 WINE 和 IRIS 上,每个基模块 USELM 的隐节点数设为 1000,其余数据集上隐节点数设为 2000。实验采用 4 折交叉验证方法,将数据随机划分为 4 份,1 份作为验证集,1 份作为测试集,剩余 2 份作为训练集。每个基模块 USELM 的超参数 λ 以及嵌入维数都是基于验证集上的聚类性能分别从 $\{1\times10^{-4},1\times10^{-3},\cdots,1\times10^{4}\}$ 和 $\{1,5,10,20,50,100,200,500\}$ 进行选择。相似矩阵使用高斯函数 $k(x_i,x_j)=\exp(-\dfrac{\|x_i-x_j\|^2}{2\sigma^2})$ 进行计算,σ 设为 1。对各种对比方法的嵌入空间用 k-means 进行聚类,比较聚类结果。在每次实验中,为了缓解 k-means 对初值的敏感性,我们对每个嵌入空间进行 5 次 k-means 聚类,选择 5 次中最优的聚类结果,作为本次聚类的最终结果。

(2)与相关算法比较:我们用 k-means 对原始数据进行聚类,其余对比方法 LE、SC、USELM、ST-USELM(2)、ST-USELM(3),展示 k-means 对其嵌入空间的聚类结果。实验进行 50 次,表 3-2 展示了 50 次实验的平均和最优的聚类结果。为便于直观地进行比较,图 3-3 展示了 St-USELM 与其他浅层方法相比,在平均和最优聚类结果的提高量[在该实验中,我们将 St-USELM(2)与 St-USELM(3)的实验结果进行加和平均,再分别与其他方法进行比较]。实验结果显示在所有数据集上 St-USELM 都取得了最优的聚类结果,表明与浅层方法相比,St-USELM 能更好地获取数据的潜在结构。我们还可以看出在几乎所有的数据集上 St-USELM 的方差都是最小的,说明 St-USELM 方法比较稳定。另外,在所有的数据集上 St-USELM(3)的聚类精度都高于 St-USELM(2)的聚类精度,表明随着网络层数的增加,St-USELM 能够获取数据更高层次的潜在结构,从而聚类效果更好。

表 3-2　聚类精度比较

单位:%

数据集	精度	k-means	SC	LE	USELM	St-USELM(2)	St-USELM(3)
IRIS	平均	78.91	70.93	74.00	88.01	**96.87**	**98.64**
	标准差	(9.54)	(9.06)	(4.08)	(4.25)	**(0.55)**	**(0.13)**
	最优	85.33	86.67	84	97.33	**98**	**98.67**
WINE	平均	95.51	79.70	95.83	97.01	**97.48**	**99.34**
	标准差	(4.64)	(10.81)	(3.67)	(0.73)	**(0.54)**	**(0.25)**
	最优	97.19	96.63	96.63	97.75	**98.31**	**99.44**
SEGMENT	平均	59.99	35.69	47.54	64.02	**66.32**	**68.68**
	标准差	(4.09)	(2.28)	(5.22)	(2.93)	**(2.39)**	**(1.86)**
	最优	66.62	42.16	54.59	69.78	**70.30**	**72.51**
COIL20	平均	56.26	64.69	67.93	74.17	**77.83**	**81.89**
	标准差	(3.64)	(5.49)	(5.36)	(2.62)	**(2.08)**	**(1.31)**
	最优	63.96	72.15	80.14	79.65	**82.78**	**85.56**
USPST	平均	57.18	64.50	58.39	64.98	**67.30**	**74.32**
	标准差	(3.27)	(5.43)	(6.29)	(2.41)	**(2.33)**	**(2.46)**
	最优	62.08	74.14	68.36	71.95	**72.50**	**79.97**
YALEB	平均	43.55	46.82	46.93	54.97	**58.62**	**65.76**
	标准差	(3.59)	(3.17)	(3.66)	(2.14)	**(1.99)**	**(1.79)**
	最优	51.52	54.55	54.55	58.79	**64.85**	**67.88**
ORL	平均	49.98	57.44	56.40	58.91	**73.31**	**77.70**
	标准差	(2.61)	(2.37)	(2.57)	(2.52)	**(1.78)**	**(0.43)**
	最优	56.50	64	60.70	65.25	**77.75**	**78.00**
GLASS	平均	57.05	58.11	57.78	76.22	**81.87**	**87.52**
	标准差	(3.09)	(3.09)	(3.48)	(5.24)	**(4.57)**	**(2.05)**
	最优	57.48	67.76	67.29	90.65	**91.12**	**91.12**

注:最优的前(2)个方法结果加粗显示。

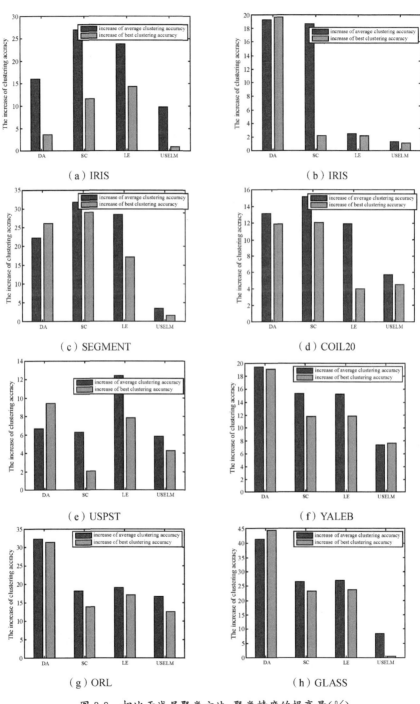

图 3-3　相比于浅层聚类方法,聚类精度的提高量(%)

为了比较嵌入结果,我们以 IRIS 数据为例,对原始数据以及 LE、USELM、St-USELM(3)的嵌入空间进行可视化。图 3-4 展示的是 IRIS 的原始数据以及嵌入数据的前 2 个维度。如图 3-4(a)所示,数据总共有 3 类,IRIS 原始数据并不能被很好地聚类。图中的红圈表示被错误聚类的数据。图 3-4(b)和(c)显示了分别用 LE 和 USELM 嵌入后的嵌入数据的前 2 维。结果表明与原始数据相比,这两个嵌入数据的数据结构更加明显。图 3-4(d)显示了 St-USELM(3)嵌入后的嵌入数据的前 2 维,与 LE 和 USELM 相比,St-USELM 的嵌入数据的结构更加明显,每个类别内数据更加紧凑,被错误聚类的数据最少。用在 k-means 聚类的结果中,St-USELM(3)达到最优的聚类结果 98.67%,仅仅有 2 个数据点被错误聚类。该实验表明 St-USELM 可以提取数据高层次的内部结构,在嵌入和聚类方面具有优势。

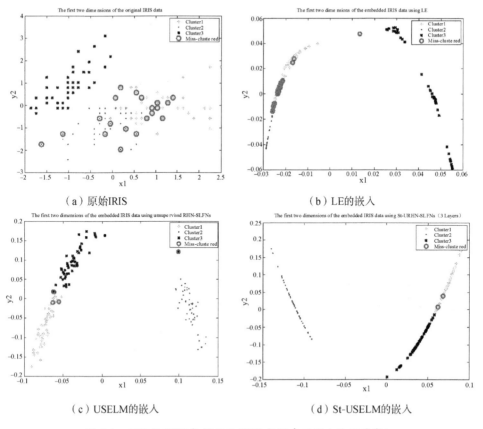

(a) 原始IRIS (b) LE的嵌入

(c) USELM的嵌入 (d) St-USELM的嵌入

图 3-4 可视化 IRIS 数据以及 IRIS 数据在不同方法下的嵌入

表 3-3 展示了所有算法的训练时间。显然所有数据集上,k-means 方法时间最短。SC 与 LE 在效率方面是可比较的,USELM 虽然没有 SC 和 LE 快,但是仍然是有效的。St-USELM(3)模型训练时间最长,St-USELM(2)次之,可以看出 St-USELM 随着层数的增加,模型训练时间也随之增加。

表 3-3　模型训练时间

单位:秒

数据集	k-means	SC	LE	USELM	St-USELM(2)	St-USELM(3)
IRIS	0.0156	0.09	0.09	0.16	0.19	0.22
WINE	0.0312	0.23	0.28	0.17	0.25	0.30
SEGMENT	0.0780	2.98	2.61	8.41	16.10	23.76
COIL20	0.7448	2.20	1.73	4.52	7.85	10.17
USPST	0.1716	2.07	2.06	7.80	14.48	21.89
YALEB	0.0936	0.19	0.37	0.33	0.44	0.59
ORL	0.3432	0.53	0.69	0.72	0.99	1.42
GLASS	0.0210	0.16	0.53	0.20	0.37	0.61

3.4.2　与深度学习方法比较

本节,我们将 St-USELM 与经典深度学习算法 DA 和 SAE 进行比较。首先分析 St-USELM 与经典深度学习算法的不同,然后通过实验进行比较。

DA 是通过堆栈若干个限制玻尔兹曼机(RBM)构成的,其训练包括两个阶段:预训练和微调。预训练阶段,通过贪婪逐层预训练算法,一次训练一个 RBM,上一个 RBM 的输出用于训练下一个 RBM,对这些 RBM 进行堆栈构成编码器。在微调阶段,将堆栈的 RBM 反转展开构成一个编码器,编码器与解码器共同构成一个 DA,利用误差后向传播方法进行微调。DA 通过堆栈若干 RBM 构成编码器,再将编码器反转构成解码器,最终编码器与解码器构成 DA;而 St-USELM 直接通过堆栈若干 USELM 构成。DA 的训练包括预训练和微调两个阶段;St-USELM 的训练只有一个阶段,且与 DA 的预训练阶段类似,都是对若干个基模块进行堆栈。SAE 也是一种经典的深度学习算法,通过堆栈若干个自编码(AE)进行模型训练。在训练过程中,每次训练一个 AE,将训练好的 AE 的编码层权重赋值给 SAE 对应层的权重,完成该层训练,然后用 AE 的输出来训练

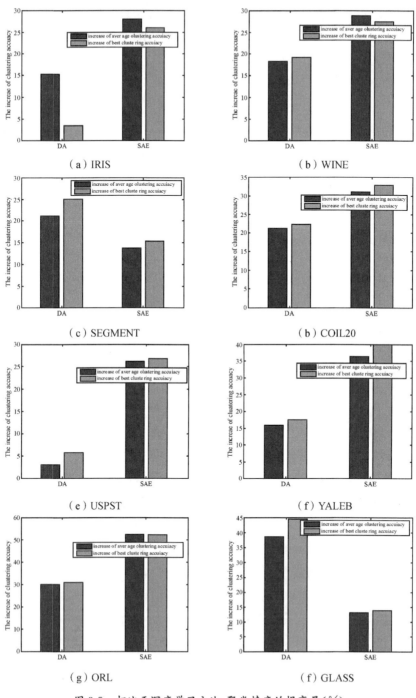

图 3-5　相比于深度学习方法，聚类精度的提高量(%)

下一个 AE,再将该 AE 的编码层权重赋值给 SAE 的对应层的权重,依次进行,完成 SAE 的训练。SAE 的基模块是 AE,在训练中,用 AE 的编码层权重赋值给 SAE 对应层权重;而 St-USELM 的基模块是 USELM,其直接由 USELM 堆栈而成。在训练时,DA 和 SAE 的基模块的训练都是基于梯度下降方法,需要进行迭代训练,而 St-USELM 的基模块 USELM 训练不需要迭代,模型参数可以通过解析解直接计算得来,因此 St-USELM 的计算成本最低。下面进行实验,对计算效率和聚类结果进行比较。

(1)实验设计:在这个实验中,St-USELM,DA 和 SAE 都是用 2 个基模块构建而成。对于 SAE,用其编码器的输出作为嵌入数据,进行聚类实验。St-USELM 和 DA 的模型输出作为数据的嵌入,进行聚类实验。在所有数据集上,基模块隐节点数都设为 2000。同样地,用 k-means 方法对嵌入数据进行聚类,比较聚类结果。

(2)与相关算法比较:我们进行 50 次实验,分别计算 3 种方法的平均和最优的聚类结果。图 3-5 显示了相比于 DA 和 SA,St-USELME 在平均和最优聚类结果上的提高量。实验结果显示,在所有数据集上 St-USELM 都取得了最好的聚类结果。表明相比于 DA 和 SAE,St-USELM 在聚类任务上更有优势。

为了比较模型训练效率,图 3-6 显示了所有数据集上 DA、SAE 和 St-USELM 的模型训练时间。很显然,在所有数据集上 St-USELM 的模型训练时间都明显低于另外两种方法的模型训练时间,充分证明了 St-USELM 具有高效模型训练的优势。

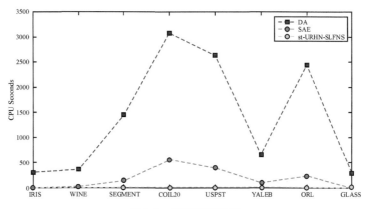

图 3-6　模型训练时间

3.5 小 结

考虑到现有的深度模型训练时间过长,本章借助 USELM 可以快速训练的优势,通过堆栈若干个 USELM,提出了可以快速训练的无监督神经网络模型 St-USELM。St-USELM 模型通过堆栈若干个 USELM 构成的,通过贪婪逐层训练算法进行模型训练,每次训练一个 USELM,通过训练若干个 USELM 完成模型训练。由于 St-USELM 不需要进行迭代训练,而且基模块 USELM 可以进行快速训练,因此与现有大部分深度神经网络相比,St-USELM 极大地缩短了模型训练时间。而且通过大量数据实验表明,与经典深度神经网络 DA 和 SAE 相比,St-USELM 在聚类和嵌入任务上更有优势。与浅层聚类算法 LE,SC,USELM 相比,St-USELM 具有深层模型结构,可以提取到数据更高层次的潜在结构,其聚类性能明显优于浅层聚类算法。

第 4 章　基于限制玻尔兹曼机的修正的亥姆霍兹机

亥姆霍兹机(Helmholtz Machine,HM)是一种用于构建感知数据概率生成模型的人工神经网络模型。其最大的特点就是具有不同的自底向上的连接权重和自顶向下的连接权重。自底向上的连接权重称为识别权重,用于自底向上地构建每层节点的识别概率;自顶向下的连接权重称为生成概率,用于自顶向下地构建每层节点的生成概率。通常,通过最小化所有层节点的生成概率与识别概率的 KL 散度来训练模型参数。在 HM 模型中,顶层每个节点的生成概率仅仅由一个参数确定,该参数经过一个 Sigmoid 函数作用来作为对应节点的生成概率。这个参数化的概率分布是人为指定的,没有任何先验知识,并不能准确地构建顶层的概率分布。RBM 是一种基于能量的概率模型,可以基于感知数据自适应地学习该数据的生成模型。统计力学研究表明,任何概率分布都可以转变为基于能量的模型,因此 RBM 可以构建任意类型的概率分布。在本章,我们在 HM 的顶层引入一个额外的隐层,这个隐层与 HM 顶层构成一个限制玻尔兹曼机(RBM),用于更准确地构建 HM 顶层的生成概率,提出了一种基于 RBM 的修正的 HM 模型(HM-RBM)。HM-RBM 顶层节点生成模型的准确构建,有望使得 HM-RBM 能够更加准确地构建数据的生成模型。我们通过大量数据实验证明 HM-RBM 可以更好地构建数据的概率生成模型。

4.1　引　言

近年来,大量的人工神经网络模型,如深度信念网(Deep Belief Network,DBN)[55]、深度玻尔兹曼机(Deep Boltzmann Machine,DBM)[56],被广泛用于构建数据的概率生成模型。这些人工神经网络模拟大脑的分层组织结构和分层处理机制，具有多个隐层用于提取数据的高层次特征，层与层之间通过连接权重进行连接。在这些网络中用于自底向上传播识别信息和自顶向下传播生成信息的连接权重是一样的。而已有大量的生物研究发现，在大脑中，向前连接和向后连接存在功能上的不对称性[57,58]。基于此生物研究发现，研究自底向上连接与自顶向下连接不对称的人工神经网络模型有望构建更加接近生物神经网络模型、更加智能的人工神经网络。Dayan[59]提出的 HM 就是这样一种具有不同的向上连接权重和向下连接权重的人工神经网络模型。向上的连接权重称为识别权重，构建每层节点的识别概率；向下的连接权重称为生成概率，构建每层节点的生成概率。HM 是一个参数化的随机生成模型，用于构建感知数据的概率分布。

HM 可以看作是一个基于自底向上和自顶向下类皮层处理机制的自监督分层学习系统。自底向上连接的识别权重构建一个识别概率模型，用于从感知输入推断其潜在原因的概率分布；自顶向下连接的生成权重构建了另一个单独的生成模型，用于构建感知数据的分布概率。通过最小化每层的识别概率与生成概率的 KL 散度来训练模型。HM 中自顶向下的生成模型非常重要，HM 模型就用该生成模型来构建感知数据的概率分布。HM 模型中自顶向下的生成模型的好坏直接影响了 HM 构建感知数据概率分布的性能。

在 HM 中，除了顶层，其余层的生成概率都是由上一层的激活值和对应的生成权重来决定的。顶层的每个节点的生成概率仅仅由一个参数决定，其生成概率为该参数的 Sigmoid 函数值。没有利用任何先验知识，人为定义了顶层的生成概率的形式，并不能准确地定义顶层节点的生成概率模型。在本章，为了更加准确地构建顶层节点的概率生成模型，我们在 HM 顶层引入一个额外的隐层，为顶层的生成模型提供先验知识，帮助更好地构建顶层的生成概率模型。

4.2 亥姆霍兹机

我们在本节回顾 HM 的模型并从变分学习的角度介绍 HM 的训练算法。模型训练的目的就是找到一组合适的模型参数，使得 HM 可以对感知数据构建一个较准确的参数化的概率生成模型。通常，可以用最大似然方法来训练模型参数。然而现实中,对于大部分参数概率模型,通过最大化观察到的模式的概率来调整参数是非常困难的。变分学习[60,61]不直接对观测数据的对数似然进行最大化,而是构建一个比较容易计算的对数似然的下界,通过最大化这个下界来训练模型。

为了便于表述,我们考虑一个感知数据 $x=(x_1,\cdots,x_m)$,目的就是构建一个参数概率模型 $P(x|\theta)$。引入隐变量 h,观测数据 x 的对数概率可以写成:

$$\log p(x \mid \theta)=\log \sum_h p(x,h \mid \theta),\qquad(4\text{-}1)$$

其中隐变量 h 可以看成观测数据 x 的潜在原因。在变分学习中,潜变量的真实后验分布用近似后验分布 $q(h|x;\phi)$ 来代替,通过最大化对数似然的下界来更新参数:

$$\log p(x \mid \theta)\geqslant \sum_h q(h \mid x;\phi) \log p(x,h \mid \theta)+\mathscr{H}(q),\qquad(4\text{-}2)$$

其中 $\mathscr{H}(q)$ 是熵函数。

亥姆霍兹机器是变分学习的简明实现,用自底向上的识别权重构建一个单独的识别模型 $q(h|x;\phi)$ 来近似真实的后验证分布 $p(h|x;\theta)$。我们以具有 2 个隐层的 HM 为例来介绍 HM,其模型结构在图 4-1 给出:该 HM 模型包含 1 个输入层和 2 个隐层,每个节点是二值随机节点,同层与跨层的节点之间没有连接,只有相邻层之间的节点存在自下向上的识别连接权重和自上向下的生成连接权重。$\phi^{0,1}$ 表示输入层连接到第 1 个隐层的识别权重,$\phi^{1,2}$ 表示第 1 个隐层连接到顶层的识别权重,θ^2 表示顶层的生成权重,用于构建顶层节点的生成概率。我们

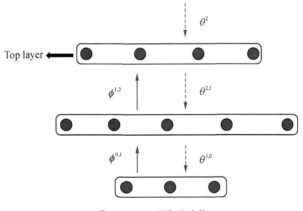

图 4-1 HM 模型结构

的目的就是找到一组参数集合,使得 HM 构建的生成概率能够尽可能准确地拟合感知数据的分布。

我们从变分学习的角度介绍 HM 的原理及训练。HM 中的自底向上连接的识别权重 ϕ 构建了一个单独的识别模型,用于构建变分学习中的近似后验分布 $q(\boldsymbol{h}|\boldsymbol{x};\phi)$;自顶向下连接的生成权重 θ 用于构建一个单数的生成模型 $p(\boldsymbol{x},\boldsymbol{h};\theta)$。利用不等式(4-3)我们可以最大化对数似然的变分下界来同时优化 HM 的识别参数和生成参数。生成模型和识别模型分别通过一个自底向上的识别过程和自顶向下的生成过程来构建。

识别过程:对于感知输入 $\boldsymbol{x}$,识别过程就是自底向上地确定每层节点的识别概率,每层节点的识别概率由其上一层节点的激活状态来确定。具体地,第 l 层第 j 个节点的识别概率为

$$q_j^l(\boldsymbol{h}^{l-1},\phi)=\sigma\left(\sum_i h_i^{l-1}\phi_{i,j}^{l-1,l}\right),\tag{4-3}$$

其中 $\sigma(x)=1/(1+\exp(-x))$ 是 Sigmoid 激活函数,$\boldsymbol{h}^{l-1}$ 表示第 $l-1$ 层节点的激活状态,$\boldsymbol{h}^0$ 表示输入层节点的激活状态。$l=0$ 表示输入层,所有节点都有一个对应的识别偏置,作为一个取值为 1 的节点引入到求和公式中。识别过程只有自底向上的过程,没有自顶向下的反馈过程。识别模型只有相邻层之间的自底向上的连接,这使得感知数据 $\boldsymbol{x}$ 的识别概率 $q(\boldsymbol{h}|\boldsymbol{x};\phi)$ 很容易计算:

$$q(\boldsymbol{h}\mid\boldsymbol{x};\phi)=\prod_{l\geqslant 1}\prod_j(q_j^l(\boldsymbol{h}^{l-1};\phi))^{h_j^l}(q_j^l(\boldsymbol{h}^{l-1};\phi))^{1-h_j^l}。\tag{4-4}$$

生成过程:通过自顶向下连接的生成权重,自顶向下逐层地确定每层的生成概率。除了顶层节点的生成概率仅由顶层参数确定,其余层节点的生成概率由上一层节点的激活状态和该层的生成权重确定。具体地,第 l 层第 j 个节点的生成概率为

$$\begin{cases}p_j^l(\theta)=\sigma(\theta_j^l), & l \text{ 是顶层},\\ p_j^l(\boldsymbol{h}^{l+1},\theta)=\sigma\left(\sum_k h_k^{l+1}\theta_{k,j}^{l+1,l}\right), & l \text{ 不是顶层}。\end{cases}\tag{4-5}$$

类似地,由于生成模型自顶向下的连接方式,使得生成概率 $p(\boldsymbol{x},\boldsymbol{h};\theta)$ 很容易被计算:

$$p(\boldsymbol{x},\boldsymbol{h};\theta)=\prod_i((p_i^0(\theta))^{h_i^0}(1-p_i^0(\theta))^{1-h_i^0})\prod_{l\geqslant 1}\prod_j((p_j^l(\boldsymbol{h}_{l+1};\theta))^{h_j^l}$$

$$(1-p_j^l(\boldsymbol{h}_{l+1};\theta))^{1-h_j^l})。\tag{4-6}$$

将 HM 得到的识别概率和生成概率带入变分学习的下界,即不等式(4-2),

得到基于变分学习训练 HM 的目标函数：

$$\mathscr{F}(\boldsymbol{x};\boldsymbol{\phi},\theta)=\sum_i\left(h_i^0\log p_i^0+(1-h_i^0)\log(1-p_i^0)\right)-\sum_{l\geqslant 1}\sum_j KL[q_j^l,p_j^l],$$

$$(4\text{-}7)$$

其中 h_i^0 表示输入第 i 个节点的激活状态，$p_j^l=p_j^l(\boldsymbol{q}^{l+1};\theta)$ 和 $q_j^l=q_j^l(\boldsymbol{q}^{l-1};\boldsymbol{\phi})$ 分别表示第 l 层第 j 个节点的生成与识别概率，$KL[q_j^l,p_j^l]$ 表示第 l 层第 j 个节点的生成与识别概率的 KL 散度。我们计算目标函数 $\mathscr{F}(\boldsymbol{x};\boldsymbol{\phi},\theta)$ 关于参数 θ 和 ϕ 的偏导数，利用梯度上升方法来更新这些参数。值得注意的是，只有在自底向上的识别过程才会影响每层节点的激活状态，自顶向下的生成过程不会对每层节点的激活状态造成任何影响，因此可以利用链式规则容易地计算出目标函数关于参数的偏导数：

$$\frac{\partial\mathscr{F}(\boldsymbol{x};\boldsymbol{\phi},\theta)}{\partial\theta_{i,j}^{l+1,l}}=\Delta\theta_{i,j}^{l+1,l}=\begin{cases}(q_j^l-p_j^l)q_i^{l+1},&l=0,1,2,\cdots,l\text{ 非顶层},\\q_j^l-p_j^l,&l\text{ 是顶层},\end{cases}\tag{4-8}$$

$$\frac{\partial\mathscr{F}(\boldsymbol{x};\boldsymbol{\phi},\theta)}{\partial\boldsymbol{\phi}_{i,j}^{l-1,l}}=\Delta\phi_{i,j}^{l-1,l}=\delta_j^l q_i^{l-1},l=1,2,\cdots,\tag{4-9}$$

其中

$$\delta_j^l=\left[\log\frac{q_j^l(1-p_j^l)}{p_j^l(1-q_j^l)}+\sum_i\frac{p_i^{l-1}-q_i^{l-1}}{p_i^{l-1}(1-p_i^{l-1})}\frac{\partial p_i^{l-1}}{\partial q_j^l}+\sum_{t>l}\sum_k\frac{\partial\mathscr{F}(\boldsymbol{\phi},\theta)}{\partial q_k^t}\frac{\partial q_k^t}{\partial q_j^l}\right]q_j^l(1-q_j^l),\tag{4-10}$$

$$\frac{\partial p_i^l}{\partial q_j^l}=p_i^{l-1}(1-p_i^{l-1})\theta_{j,i}^{l,l-1},\tag{4-11}$$

其中 $q_i^0=x_i$。在模型训练过程中使用了平均场方法，即每层节点的激活状态 h_j^l 用识别概率的均值 q_j^l 来代替。具体的训练流程在算法 4-1 中给出。

Input：训练集 $\{\boldsymbol{x}^n\}_{n=1}^N$，$N$ 训练样本个数，L 隐层个数，$n_1,n_2,\cdots,n_l$ 每层节点数，T 训练轮数，τ 学习率。

Output：HM 模型参数 $\theta_{i,j}^{l+1,l}$，$\phi_{i,j}^{l-1,l}$，$i=1,\cdots,n_{l-1}$，$j=1,\cdots,n_l$，$l=1,\cdots,L$。

1　随机初始化模型参数：$\{w_{i,j,h}^l(0)\}$，$\{b_{j,h}^l(0)\}$；

2　**for** $t=0,1,\cdots,T$ **do**

3　│　**for** $n=1,2,\cdots,N$ **do**

4		获取训练样本(x^n);
5		向前识别过程:利用公式(4-4)自底向上地计算各层识别概率;
6		向后生成过程:利用公式(4-6)自顶向下计算各层生成概率;
7		参数更新:

$$\theta_{i,j}^{l+1,l}(t)=\theta_{i,j}^{l+1,l}(t-1)+\tau\Delta\theta_{i,j}^{l+1,l}(t),$$

$$\phi_{i,j}^{l-1,l}(t)=\phi_{i,j}^{l-1,l}(t-1)+\tau\Delta\phi_{i,j}^{l-1,l}(t)。$$

8	end	
9	**end**	

算法 4-1　HM 的基于变分学习的训练流程

当用算法 4-1 训练 HM 时,因为每一层的激活状态的改变将会影响其高层节点的激活,因此,关于识别参数的偏导数的计算非常复杂,如公式(4-11)。为了简化训练,Hinton 等人借助玻尔兹曼机思想[62,63]提出一种简单的随机训练策略,称为"weak-sleep"算法(WS)[64]。WS 算法包括两个阶段:"weak"阶段和"sleep"阶段。在"weak"阶段,固定识别参数,基于输入样本利用识别模型获取每层节点的激活状态值,然后通过降低每个节点的识别概率与生成概率之间的 KL 散度更新生成参数;在"sleep"阶段,固定生成参数,利用生成模型自顶向下地生成各层节点的激活状态,通过使识别概率函数尽可能地接近于生成函数的逆函数。这个详细的训练过程在算法 4-2 中给出。

Input:训练集$\{x^n\}_{n=1}^N$,N 训练样本个数,L 隐层个数,$n_1,n_2,\cdots,n_l$ 每层节点数,T 训练轮数,τ 学习率。

Output:HM 模型参数 $\theta_{i,j}^{l+1,l}$,$\phi_{i,j}^{l-1,l}$,$i=1,\cdots,n_{l-1}$,$j=1,\cdots,n_l$,$l=1,\cdots,L$。

1	随机初始化模型参数:$\{w_{i,j,h}^l(0)\}$,$\{b_{j,h}^l(0)\}$;	
2	**for** $t=0,1,\cdots,T$ **do**	
3		**for** $n=1,2,\cdots,N$ **do**
4		获取训练样本(x^n);
5		"weak"阶段:

- 给定输入 x^n,利用识别模型自底向上计算每层节点的激活状态 $\{x^n,H^1,H^2,\cdots,H^L\}$:$H_j^l \sim \sigma\left(\sum_i H_i^{l-1}\phi_{i,j}^{l-1,l}\right)$

- 基于上述计算的每层节点的激活状态 $\{x^n, H^1, H^2, \cdots, H^L\}$，利用生成模型自顶向下计算每层节点的生成概率：$p_j^l(H^{l+1}, \theta) = \sigma\left(\sum_k H_k^{l+1} \theta_{k,j}^{l+1,l}\right)$。

- 计算生成参数的偏导数：

$$\Delta\theta_{i,j}^{l+1,l} = \begin{cases} p_j^l - H_j^L, & l = L, \\ (p_j^l - H_j^L)H_i^{l+1}, & l = 1, 2, \cdots, L-1. \end{cases}$$

- 更新生成参数：$\theta_{i,j}^{l+1,l}(t+1) = \theta_{i,j}^{l+1,l}(t) + \tau\Delta\theta_{i,j}^{l+1,l}(t)$。

"sleep"阶段：

- 固定生成参数，利用生成模型自顶向下生成每层的激活状态值 $\{\widetilde{x}, \widetilde{H}^1, \widetilde{H}^2, \cdots, \widetilde{H}^L\}$；

$$\widetilde{H}_j^L \sim \sigma(\theta_j^L), \widetilde{H}_j^l \sim \sigma\left(\sum_k \widetilde{H}_k^{l+1}\theta_{k,j}^{l+1,l}\right), l = 1, 2, \cdots, L-1.$$

- 利用识别模型自底向上计算每层节点激活状态值 $\{\widetilde{x}, \widetilde{H}^1, \widetilde{H}^2, \cdots, \widetilde{H}^L\}$ 的识别概率：

$$q_j^l(\widetilde{H}^{l-1}, \phi) = \sigma\left(\sum_i \widetilde{H}_i^{l-1}\phi_{i,j}^{l-1,l}\right).$$

- 计算识别参数的偏导数：$\Delta\phi_{i,j}^{l-1,l} = (q_j^l - \widetilde{H}_j^l)\widetilde{H}_i^{l-1}$。

- 更新生成参数：$\theta_{i,j}^{l+1,l}(t+1) = \theta_{i,j}^{l+1,l}(t) + \tau\Delta\theta_{i,j}^{l+1,l}(t)$。

6　　**end**

7　**end**

算法 4-2　HM 的"weak-sleep"训练流程

在 WS 算法的"weak"阶段，识别参数固定，更新生成参数，使得生成概率与识别概率的 KL 散度尽可能相同。在"sleep"阶段，生成参数固定，利用生成模型自顶向下生成每层节点的激活状态值，生成的输入层节点的激活状态值可以看作是生成的样本。对于这个样本，我们知道由生成模型所生成的隐层的激活状态值就是生成这个样本的真实原因。利用识别模型计算这个样本的识别概率，更新识别参数，使得由识别模型推断的该样本的原因与真实的原因尽可能相同。在本节，我们分别用基于变分学习的算法和 WS 算法来训练 HM 模型，与我们所提出的 HM-RBM 模型进行比较。

4.3　修正的亥姆霍兹机(HM-RBM)

4.3.1　动机

在 HM 中每个节点的生成概率仅仅由一个参数来确定,该参数化的概率模型是人为设定的,再没有任何先验知识。该概率分布形式太过简单,不能准确地构建顶层真实的分布。我们在 HM 的顶层引入一个额外的隐层,与 HM 的顶层构成一个 RBM 来更好地构建顶层节点的生成概率。引入 RBM 可以更好地构建顶层节点的生成模型的原因有两方面:

 • RBM 是基于能量的参数概率模型,而统计力学研究表明任何概率分布都可以转变为基于能量的模型,因此 RBM 可以构建任意概率分布,即用 RBM 可以更准确地构建 HM 顶层节点的概率分布。

 • RBM 利用观测数据构建数据的概率分布,在 HM-RBM 中额外的隐层是 RBM 的隐层,顶层是 RBM 的输入层,RBM 就是利用顶层的激活状态来构建顶层的生成概率。而顶层的激活状态是从数据自底向上计算得来的,因此 RBM 构建顶层的概率分布是从观测数据得来的,是有先验知识的,因此构建的顶层概率分布更加准确。

利用 RBM 来更好地构建 HM 顶层节点的生成模型,从而期望 HM-RBM 能够更好地构建感知数据的生成模型。

4.3.2　限制玻尔兹曼机

RBM 是一种人工神经网络,由输入层与隐层两层节点构成,网络中节点是随机的二值节点,取值为 0 或 1。网络中同层之间的节点没有连接,隐层与输入层之间的节点是全连接的。其模型结构在图 4-2 中展示,$v \in \{0,1\}^{n_0}$ 表示输入层节点,与隐层节点 $h \in \{0,1\}^{n_1}$ 是全连接的。RBM 是基于能量的概率模型,用于构建输入层的概率分布。给定状态,由 RBM 定义的能量为

$$E(v,h;\theta) = -v^{\mathrm{T}}Wh - b^{\mathrm{T}}v - c^{\mathrm{T}}h$$

$$= -\sum_{i=1}^{n_0}\sum_{j=1}^{n_1} w_{i,j} v_i h_j - \sum_{i=1}^{n_0} b_i v_i - \sum_{j=1}^{n_1} c_j h_j, \tag{4-12}$$

其中 $\theta = \{\boldsymbol{W}, \boldsymbol{b}, \boldsymbol{c}\}$ 为 RBM 参数，$w_{i,j}$ 为实数，v_i 表示可视节点与隐节点 h_j 之间的连接权重值。b_j 与 c_i 也都是实数，分别表示可视节点 v_i 与隐节点 h_j 偏置。RBM 构建的隐层与可视层节点的联合概率分布为

$$P(\boldsymbol{v}, \boldsymbol{h}; \theta) = \frac{1}{Z(\theta)} \exp(-E(\boldsymbol{v}, \boldsymbol{h}; \theta)), \tag{4-13}$$

$$Z(\theta) = \sum_{\boldsymbol{v}} \sum_{\boldsymbol{h}} \exp(-E(\boldsymbol{v}, \boldsymbol{h}; \theta)), \tag{4-14}$$

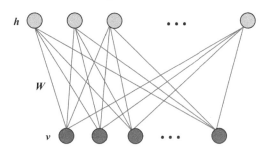

图 4-2　RBM 结构模型

其中 $Z(\theta)$ 是配分函数，使得 $P(\boldsymbol{v}, \boldsymbol{h}; \theta)$ 满足概率分布的条件。很容易得出输入层变量的概率分布为

$$P(\boldsymbol{v}; \theta) = \frac{1}{Z(\theta)} \sum_{\boldsymbol{h}} \exp(-E(\boldsymbol{v}, \boldsymbol{h}; \theta))。 \tag{4-15}$$

由于 RBM 特有的双边连接方式，使得隐层与可见层的条件概率很容易从公式(4-13)得到：

$$P(\boldsymbol{h} \mid \boldsymbol{v}; \theta) = \prod_j p(h_j \mid \boldsymbol{v}), \ P(\boldsymbol{v} \mid \boldsymbol{h}; \theta) = \prod_j p(v_j \mid \boldsymbol{h}), \tag{4-16}$$

$$P(h_j = 1 \mid \boldsymbol{v}) = \sigma\left(\sum_i w_{i,j} v_i + c_j\right), \tag{4-17}$$

$$P(v_i = 1 \mid \boldsymbol{h}) = \sigma\left(\sum_j w_{i,j} h_j + b_i\right)。 \tag{4-18}$$

给定一个训练集 $\{\boldsymbol{v}^n\}_{n=1}^N$，可以通过最大化对数似然来训练模型参数：

$$L(\theta) = \sum_{n=1}^N \log P(\boldsymbol{v}^{(n)} \mid \theta), \tag{4-19}$$

需要计算对数似然关于参数的偏导数：

$$\frac{\partial L}{\partial \theta} = \sum_{n=1}^N \left\{ \mathrm{E}_{P(\boldsymbol{h} \mid \boldsymbol{v}^{(n)})} \left[\frac{\partial(-E(\boldsymbol{v}^{(n)}, \boldsymbol{h} \mid \theta))}{\partial \theta} \right] - \mathrm{E}_{P(\boldsymbol{v}, \boldsymbol{h})} \left[\frac{\partial(-E(\boldsymbol{v}, \boldsymbol{h} \mid \theta))}{\partial \theta} \right] \right\},$$

$$\tag{4-20}$$

其中 $E_{P(v)}[\cdot]$ 表示关于分布 $P(v)$ 的期望。上式中的第二项需要考虑到 $\langle v,h \rangle$ 所有的取值情况,这在实际计算中是行不通的。幸运的是上述梯度方法存在一个比较好的近似算法,即 CD 方法[65],可以有效地训练 RBM。这个近似方法用 Gibbs 采样迭代地抽取的样本来代替均值,这些迭代抽取的样本的初始值就是训练样本 $v(n)$,利用公式(4-17)和公式(4-20)迭代地抽取样本。事实上已经证实仅仅用 1 步 Gibbs 采样的 CD 算法,与多步 Gibbs 采样的 CD 训练产生的差别不大[66]。在我们的实验中,用 1 步 Gibbs 采样的 CD 来训练 RBM,对应的参数偏导数为

$$\Delta w_{i,j} = (E_{P_{data}}[v_i h_j] - E_{P_1}[v_i h_j]), \tag{4-21}$$

$$\Delta b_i = (E_{P_{data}}[v_i] - E_{P_1}[v_i]), \tag{4-22}$$

$$\Delta c_j = (E_{P_{data}}[h_j] - E_{P_1}[h_j]), \tag{4-23}$$

其中 $E_{P_{data}}[\cdot]$ 表示关于数据分布 $P_{data}(v,h;\theta) = P(h|v;\theta) P_{data}(v)$ 的期望,$P_{data} = \dfrac{1}{T}\sum_t \delta(v - v^{(t)})$ 表示经验分布,P_1 表示运行 1 步 Gibbs 采样的分布。利用上述的偏导数公式,通过梯度上升法更新参数,进行 RBM 模型训练。具体的在线训练流程在算法 4-3 中给出。

Input:训练集 $\{v^n\}_{n=1}^N$,N 训练样本个数,L 隐层个数,$n_1,n_2,\cdots,n_l$ 每层节点数,T 训练轮数,τ 学习率。

Output:RBM 模型参数 $w_{i,j},b_i,c_i,i=1,\cdots,n_{l-1},j=1,\cdots,n_l,l=1,\cdots,L$。

1   随机初始化模型参数:$\{w_{i,j}(0)\},\{b_i(0)\},\{c_i(0)\}$;

2   **for** $t=0,1,\cdots,T$ **do**

3   **for** $n=1,2,\cdots,N$ **do**

4   获取训练样本(x^n);

5   正向部分:基于训练数据,利用公式(4-17)计算隐节点的激活概率并抽样获取其激活状态 h^n;

6   负向部分:基于获取的隐节点的激活状态 h^n,利用公式(4-18)和公式(4-17)进行 1 步 Gibbs 采样获取可视层与隐层的激活状态($\bar{v}^n,\bar{h}^n$);

7   参数偏导数:根据公式(4-21)~(4-23),用样本代替均值计算参数的偏导数;

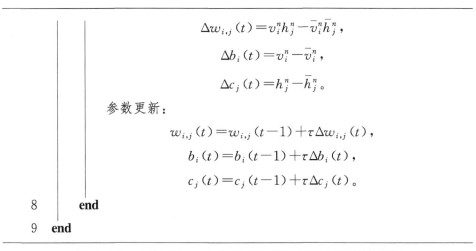

$$\Delta w_{i,j}(t) = v_i^n h_j^n - \bar{v}_i^n \bar{h}_j^n,$$

$$\Delta b_i(t) = v_i^n - \bar{v}_i^n,$$

$$\Delta c_j(t) = h_j^n - \bar{h}_j^n。$$

参数更新：

$$w_{i,j}(t) = w_{i,j}(t-1) + \tau \Delta w_{i,j}(t),$$

$$b_i(t) = b_i(t-1) + \tau \Delta b_i(t),$$

$$c_j(t) = c_j(t-1) + \tau \Delta c_j(t)。$$

8　**end**

9　**end**

算法 4-3　1 步 Gibbs 采样的 CD 训练 RBM 的训练流程

4.3.3　HM-RBM 模型与训练

HM 可以用于构建感知数据的生成模型,自顶向下的生成模型的好坏直接影响了 HM 对感知数据的生成概率的构建。考虑到顶层节点的生成概率仅仅由一组参数决定,该参数生成模型太过简单,不能准确构建顶层的生成分布,从而影响 HM 对感知数据生成模型的构建。基于这个问题,我们提出了 HM-RBM,就是在 HM 的顶层引入 1 个额外的隐层,这个额外的隐层与 HM 顶层构成一个 RBM,为顶层的分别提供先验知识,用于更好地构建顶层的生成概率。我们以具有 3 个隐层的 HM-RBM 为例展示其模型,模型结构在图 4-3 中展示。在图 4-3 中第 3 个隐层就是额外引入的隐层,第 2 个隐层是 HM-RBM 的顶层,第 3 层的作用就是构建 HM-RBM 顶层的生成概率。顶层节点生成概率的计算为:

$$q_i^{add}(\boldsymbol{q}^{top};W) = \sigma(\sum_j w_{i,j} q_j^{top} + c_i), \tag{4-24}$$

$$p_j^L(\boldsymbol{q}^{add};W) = \sigma(\sum_j w_{i,j} q_i^{add} + b_j), \tag{4-25}$$

其中 $\boldsymbol{q}^{top}$ 表示 HM-RBM 顶层节点的识别概率,$\boldsymbol{q}^{add}$ 表示额外层节点的概率,p_i^L 表示顶层第 i 个节点的生成概率。公式(4-24)计算了利用顶层节点的识别概率计算额外层节点的概率。公式(4-25)再利用额外层节点的概率计算顶层节点的生成概率。

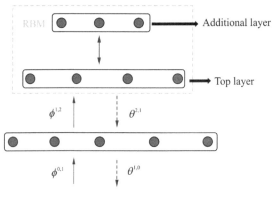

图 4-3　HM-RBM 模型结构

　　本节第二部分我们介绍 HM 的两种训练算法:基于变分学习的算法和 WS 算法,对应地,HM-RBM 也可以用基于变分学习的算法和 WS 算法进行模型训练。HM-RBM 的两种训练算法与 HM 的训练算法类似,不同之处就是多一个顶层 RBM 的训练过程。基于变分学习的算法流程在算法 4-4 中给出,WS 算法流程在算法 4-5 中给出。

Input:训练集 $\{x^n\}_{n=1}^N$,N 训练样本个数,L 隐层个数,$n_1,n_2,\cdots,n_l$ 每层节点数,T 训练轮数,τ 学习率。

Output:HM 模型参数 $\theta_{i,j}^{l+1,l}$,$\phi_{i,j}^{l-1,l}$,$w_{k,m}$,c_k,b_m,$i=1,\cdots,n_{l-1}$,$j=1,\cdots,n_l$,$l=1,\cdots,L-1$,$k=1,\cdots,n_L$,$m=1,\cdots,n_{L-1}$。

1　随机初始化模型参数:$\theta_{i,j}^{l+1,l}(0)$,$\phi_{i,j}^{l-1,l}(0)$,$w_{k,m}(0)$,$c_k(0)$,$b_m(0)$;

2　**for** $t=0,1,\cdots,T$ **do**

3　　**for** $n=1,2,\cdots,N$ **do**

4　　　获取训练样本(x^n);

5　　　向前识别过程:利用公式(4-4)自底向上地计算各层识别概率;

　　　　RBM 训练:以顶层节点的识别概率为训练数据,利用算法 4-3
　　　　　　训练 RBM 的参数 $w_{k,m}(t)$,$c_k(t)$,$b_m(t)$;

6　　　向后生成过程:利用公式(4-24),(4-25)和(4-6)自顶向下计算
　　　　　各层生成概率;

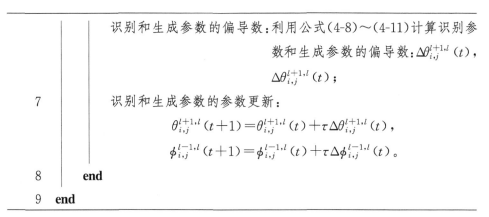

	识别和生成参数的偏导数：利用公式(4-8)～(4-11)计算识别参数和生成参数的偏导数：$\Delta\theta_{i,j}^{l+1,l}(t)$, $\Delta\theta_{i,j}^{l+1,l}(t)$;
7	识别和生成参数的参数更新：$$\theta_{i,j}^{l+1,l}(t+1)=\theta_{i,j}^{l+1,l}(t)+\tau\Delta\theta_{i,j}^{l+1,l}(t),$$ $$\phi_{i,j}^{l-1,l}(t+1)=\phi_{i,j}^{l-1,l}(t)+\tau\Delta\phi_{i,j}^{l-1,l}(t)。$$
8	**end**
9	**end**

算法 4-4　HM-RBM 的基于变分学习的训练流程

Input：训练集 $\{\boldsymbol{x}^n\}_{n=1}^{N}$，$N$ 训练样本个数，L 隐层个数，$n_1,n_2,\cdots,n_L$ 每层节点数，T 训练轮数，τ 学习率。

Output：HM 模型参数 $\theta_{i,j}^{l+1,l}$，$\phi_{i,j}^{l-1,l}$，$w_{k,m}$，c_k，b_m，$i=1,\cdots,n_{L-1}$，$j=1,\cdots$，n_l，$l=1,\cdots,L-1$，$k=1,\cdots,n_L$，$m=1,\cdots,n_{L-1}$。

1　随机初始化模型参数：$\theta_{i,j}^{l+1,l}(0)$，$\phi_{i,j}^{l-1,l}(0)$，$w_{k,m}(0)$，$c_k(0)$，$b_m(0)$；

2　**for** $t=0,1,\cdots,T$ **do**

3　　**for** $n=1,2,\cdots,N$ **do**

4　　　获取训练样本($\boldsymbol{x}^n$)；

5　　　"weak"阶段：

- 给定输入 $\boldsymbol{x}^n$，利用识别模型自底向上计算每层节点的激活状态；
- 利用顶层节点的激活状态 $\boldsymbol{H}^{L-1}$ 训练顶层 RBM，更新参数 $w_{k,m}(t)$，$c_k(t)$，$b_m(t)$；
- 基于上述计算的每层节点的激活状态 $\{\boldsymbol{x}^n,\boldsymbol{H}^1,\boldsymbol{H}^2,\cdots,\boldsymbol{H}^{L-1}\}$；利用公式(4-24)，(4-25)和(4-6)自顶向下计算各层生成概率；
- 按照公式(4-8)计算生成参数的偏导数 $\Delta\theta_{i,j}^{l+1,l}(t)$：$$\Delta\theta_{i,j}^{l+1,l}(t)=(p_j^l-\boldsymbol{H}_j^l)\boldsymbol{H}_i^{l+1},l=1,2,\cdots,L-2;$$
- 更新生成参数：$\theta_{i,j}^{l+1,l}(t+1)=\theta_{i,j}^{l+1,l}(t)+\tau\Delta\theta_{i,j}^{l+1,l}(t)$。

"sleep"阶段:

- 随机初始化额外层节点的激活状态,对顶层 RBM 进行 M 步 Gibbs 采样,获取顶层节点的激活状态 $\overline{\boldsymbol{H}}^{L-1}$;
- 固定生成参数,利用生成模型自顶向下计算顶层节点之后的每层节点的激活状态值 $\{\widetilde{\boldsymbol{x}},\widetilde{\boldsymbol{H}}^1,\widetilde{\boldsymbol{H}}^2,\cdots,\widetilde{\boldsymbol{H}}^{L-2}\}$;
- 利用识别模型自底向上计算每层节点激活状态值 $\{\boldsymbol{x},\widetilde{\boldsymbol{H}}^1,\widetilde{\boldsymbol{H}}^2,\cdots,\widetilde{\boldsymbol{H}}^{L-1}\}$ 的识别概率:

$$q_j^l(\widetilde{\boldsymbol{H}}^{l-1},\phi)=\sigma\Big(\sum_i \widetilde{H}_i^{l-1}\phi_{i,j}^{l-1,l}\Big);$$

- 计算识别参数的偏导数: $\Delta\phi_{i,j}^{l-1,l}=(q_j^l-\widetilde{H}_j^l)\widetilde{\boldsymbol{H}}_j^{l-1}$;
- 更新生成参数: $\theta_{i,j}^{l+1,l}(t+1)=\theta_{i,j}^{l+1,l}(t)+\tau\Delta\theta_{i,j}^{l+1,l}(t)$。

8   **end**

9   **end**

算法 4-5   HM-RBM 的"weak-sleep"训练流程

与 HM 相比,HM-RBM 可以更好地构建感知数据的生成模型。一方面,HM 的顶层每个节点用一个参数的 Sigmoid 函数来确定,用这个参数化的概率模型来构建顶层节点的生成概率分布太过简单,不能准确构建其分布。RBM 可以构建任意概率分布,因此,HM-RBM 用 RBM 构建顶层节点的生成概率模型更加准确,从而使得 HM-RBM 可以更加准确构建感知数据的生成模型。另一方面,HM 顶层节点的概率分布是在没有任何先验知识的情况下人为设置的简单的参数概率模型,HM-RBM 中额外的隐层为其顶层节点的概率分布提供了一定的先验知识,因此能更准确地构建顶层节点概率分布。

4.4 实 验

在本部分,我们通过实验验证 HM-RBM 构建生成概率模型的性能。实验数据包括 7 个小数据集、NORB 和 MNIST 数据集。用变分方法和 WS 方法训练的 HM 分别记为 Helmholtz 和 WS-Helmholtz,用变分方法和 WS 方法训练的

HM-RBM 分别记为 Helmholtz-RBM 和 WS-Helmholtz-RBM。我们展示了 Helmholtz、WS-Helmholtz、Helmholtz-RBM 和 WS-Helmholtz-RBM 在不同数据集上的变分下界来量化比较各个方法性能。在 MNIST 和 NORB 数据集上展示了不同模型生成的样本,直观地比较各种方法构建生成模型的性能。我们也分析了 RBM 的训练次数、隐节点个数以及学习率对 Helmholtz-RBM 和 WS-Helmholtz-RBM 的影响。

4.4.1　小数据集

实验所用的 7 个小数据集在表 4-1 中列出。在该实验中我们使用具有 2 个隐层的 HM,第 1(2) 个隐层节点数分别为 100(200)。对应的 HM-RBM 的隐层数为 3,第 1(2) 个隐层节点数分别为 100(200),额外引入的隐层的节点数设为 200。我们用 4 折交叉验证方法,将数据集随机划分成 4 份,其中 1 份作为验证集,1 份作为测试集,其余 2 份作为训练集,这种划分重复 3 次,展示 Helmholtz、WS-Helmholtz、Helmholtz-RBM 和 WS-Helmholtz-RBM 在测试集的平均和最大的变分下界。在用随机梯度训练 HM 与 HM-RBM 时,学习率基于验证集从 $\{0.1, 0.001, 0.0001\}$ 中选择。训练 HM-RBM 顶层 RBM 的学习率设为 0.001,每次识别过程之后,RBM 训练次数设为 5 次。连接权重设置为均值为 0,方差为 0.01 的正态分布的随机数,偏置初值设为 0。HM 与 HM-RBM 的模型训练次数设为 200。

表 4-1　实验所用的小数据集

数据集	类别数	维数	数据个数	测试集	验证集	训练集
G50C	2	50	550	137	103	310
USPST	10	256	2007	501	376	1130
IRIS	3	4	150	37	28	85
WINE	3	13	178	44	33	101
SEGMENT	7	19	2310	577	433	1300
GLASS	6	10	214	53	40	121
COIL20	20	1024	1440	360	270	810

为了量化比较 HM 与 HM-RBM 构建概率分布的性能,我们展示 HM、HM-RBM 所构建的概率分布在各个数据集上的变分下界(公式 4-2)。表 4-2 和表 4-3 分别展示了 Helmholtz、WS-Helmholtz、Helmholtz-RBM 和 WS-Helmholtz-RBM 在训练集和测试集上的平均变分下界和最大变分下界,括号的数字表示标

准差。实验结果表明在所有数据集上，HM-RBM 在两种训练算法上的变分下界都高于 HM 在两种算法上的变分下界。我们也展示了方差，来显示各个算法在训练过程中的稳定性，可以看出 HM-RBM 在两种算法上的方差都小于 HM 的，从而 HM-RBM 比 HM 更加稳定。同时，由于 Helmholtz-RBM 的目标函数就是变分下界，因此在大部分数据集 Helmholtz-RBM 的变分下界都大于 WS-Helmholtz-RBM。是两个差距不大，而 WS-Helmholtz-RBM 的训练比 Helmholtz-RBM 简单些，因此在训练 HM-RBM 时，WS 算法是更好的选择。

表 4-2   小规模数据集上 Helmholtz、WS-Helmholtz、Helmholtz-RBM 和
WS-Helmholtz-RBM 在训练集上的变分下界

数据集	变分下界	WS-Helmholtz	Helmholtz	WS-Helmholtz-RBM	Helmholtz-RBM
IRIS	平均	-6.93	-7.62	**-0.54**	-0.65
	标准差	(0.26)	(0.55)	**(0.002)**	(0.002)
	最大	-6.20	-6.57	**-0.44**	-0.63
WINE	平均	-8.16	-3.25	-1.62	**-1.26**
	标准差	(0.48)	(0.024)	(0.004)	**(0.0035)**
	最大	-7.33	-3.08	-1.50	**-1.18**
SEGMENT	平均	-9.18	-3.90	-1.84	**-1.60**
	标准差	(0.27)	(0.11)	(0.005)	**(0.015)**
	最大	-8.53	-3.57	-1.72	**-1.41**
COIL20	平均	-14.63	-6.87	-5.31	**-4.36**
	标准差	(0.38)	(0.21)	(0.04)	**(0.004)**
	最大	-13.78	-6.28	-5.02	**-4.25**
USPST	平均	-13.90	-5.84	-3.90	**-2.86**
	标准差	(0.09)	(0.113)	(0.032)	**(0.032)**
	最大	-13.63	-5.36	-3.57	**-2.31**
G50C	平均	-13.11	-7.47	-5.80	**-5.11**
	标准差	(0.023)	(0.041)	(0.018)	**(0.01)**
	最大	-12.92	-7.16	-5.68	**-4.93**
GLASS	平均	-8.29	-2.85	-1.23	**-0.95**
	标准差	(0.73)	(0.024)	(0.014)	**(0.008)**
	最大	-7.17	-2.66	-1.07	**-0.80**

注：最优结果加粗显示。

表 4-3　小规模数据集上 Helmholtz、WS-Helmholtz、Helmholtz-RBM 和
WS-Helmholtz-RBM 在测试集上的变分下界

数据集	变分下界	WS-Helmholtz	Helmholtz	WS-Helmholtz-RBM	Helmholtz-RBM
	平均	−13.89	−15.3	**−1.02**	−1.30
IRIS	标准差	(1.09)	(2.18)	**(0.01)**	(0.0009)
	最大	−12.42	−13.55	**−0.88**	−1.24
	平均	−16.36	−6.54	−3.25	−2.55
WINE	标准差	(1.92)	(0.095)	(0.013)	**(0.015)**
	最大	−14.74	−6.13	−3.03	**−2.35**
	平均	−18.37	−7.80	−3.70	**−3.20**
SEGMENT	标准差	(1.07)	(0.48)	(0.02)	**(0.06)**
	最大	−17.05	−7.18	−3.50	**−2.80**
	平均	−29.25	−13.76	−10.63	**−8.73**
COIL20	标准差	(1.54)	(0.79)	(0.16)	**(0.015)**
	最大	−27.54	−12.62	−10.06	**−8.49**
	平均	−27.81	−17.12	−11.70	**−6.72**
USPST	标准差	(0.38)	(0.63)	(0.36)	**(0.24)**
	最大	−27.28	−16.25	−10.83	**−5.47**
	平均	−26.25	−15.02	−11.64	**−10.32**
G50C	标准差	(0.092)	(0.15)	(0.08)	**(0.04)**
	最大	−25.782	−14.52	−11.35	**−10.00**
	平均	−16.62	−5.78	−2.45	**−1.91**
GLASS	标准差	(2.89)	(0.15)	(0.05)	**(0.032)**
	最大	−14.30	−5.35	−2.18	**−1.67**

注:最优结果加粗显示。

图 4-4 和图 4-5 分别展示各模型的识别概率与生成概率分别在训练集和测试集上的 KL 散度 ($\frac{1}{N}\sum_n\sum_l\sum_j KL[q_j^l(n),p_j^l(n)]$) 随着训练的变化曲线。显然,HM-RBM 在两种算法下的 KL 散度都明显小于 HM 的,表明 HM-RBM 所构建的识别概率能准确地构建数据真实的后验分布。HM 与 HM-RBM 的模型训练中,识别概率模型与生成概率模型之间进行交替互助的训练,识别模型的准确构建有助于生成模型的构建。相比于 HM,HM-RBM 能更加准确地构建识别模型,从而有望更加准确地构建生成模型。

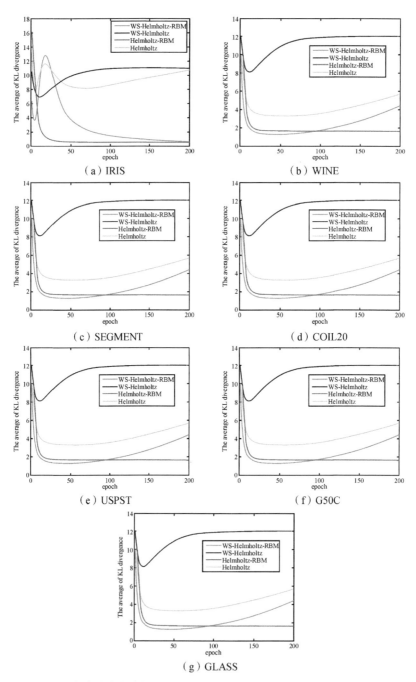

（a）IRIS

（b）WINE

（c）SEGMENT

（d）COIL20

（e）USPST

（f）G50C

（g）GLASS

图 4-4   随着训练的进行，Helmholtz、WS-Helmholtz、Helmholtz-RBM 和
WS-Helmholtz-RBM 在不同数据集的测试集上的识别概率与生成概率的 KL 散度

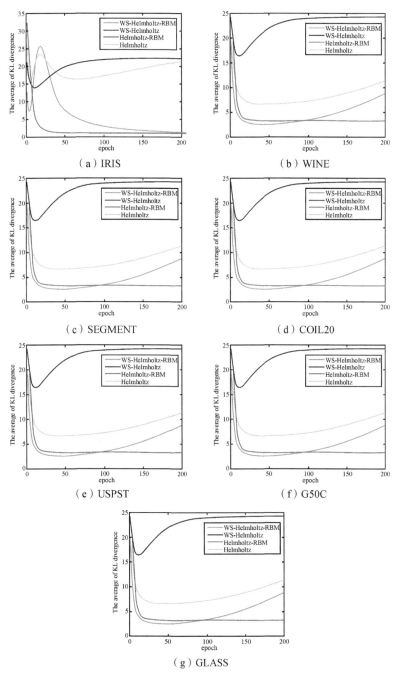

图 4-5　随着训练的进行，Helmholtz、WS-Helmholtz、Helmholtz-RBM 和
WS-Helmholtz-RBM 在不同数据集的测试集上的识别概率与生成概率的 KL 散度

表 4-4 展示了 Helmholtz、WS-Helmholtz、Helmholtz-RBM 和 WS-Helm-holtz-RBM 在不同数据集上的模型训练时间。由于 HM-RBM 中需要训练一个 RBM,因此其训练时间长于 HM 的模型训练时间。

表 4-4　Helmholtz、WS-Helmholtz、Helmholtz-RBM 和 WS-Helmholtz-RBM 在不同数据集上模型训练时间

单位:秒

数据集	Helmholtz	WS-Helmholtz	Helmholtz-RBM	WS-Helmholtz-RBM
IRIS	5.6472	7.3320	7.5972	8.8765
WINE	5.7720	8.8141	7.1604	10.6237
SEGMENT	50.8095	95.2854	72.8993	112.4143
COIL20	122.5700	196.4989	134.4417	202.1305
USPST	84.3029	128.0768	100.8078	143.3181
G50C	16.1149	21.9805	20.6857	25.8962
GLASS	5.8500	9.5005	7.6908	11.6065

4.4.2　NORB 数据集

原始 NORB 数据集是双目立体图像,我们通过下采样将其缩小为 $2 \times 32 \times 32$ 的图像。NORB 数据包括 24 300 个训练样本,我们取其中的 20 000 个作为训练集,剩余的 4300 个作为测试集。为了加速训练,我们将训练集划分为 200 个小数据集,每个小数据集包括 100 个训练样本,在每个小数据集上更新参数。仿照文献[56,67]的方法,将 NORB 数据 0—1 二值化,我们首先训练一个高斯 RBM,然后将 NORB 的训练集和测试集输入高斯 RBM,得到对应的隐节点的激活状态,用该激活状态作为处理后的 NORB 训练集和测试集,作为该部分实验的实验数据集。该部分实验 HM 的隐层为两层,节点数分别是 100 和 100,对应的 HM-RBM 的隐层数为 3 层,节点数分别设为 100,100 和 50,学习率设为 0.1。关于 RBM 的设置与小数据集部分的实验设置一样。模型的训练次数设为 200。为了量化地比较 HM 与 HM-RBM 在 NORB 数据集上构建其概率分布的性能,图 4-6 展示了 Helmholtz、WS-Helmholtz、Helmholtz-RBM 和 WS-Helmholtz-RBM 的变分下界随着训练进行的变化曲线。实验结果显示,当用 WS 算法训练 HM 与 HM-RBM 时,HM-RBM 的变分下界明显高于 HM 的变分下界;当用基于变分的方法训练 HM 与 HM-RBM 时,HM-RBM 的变分下界稍微大于 HM 的,但是相差很小。

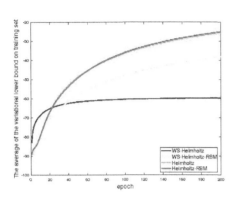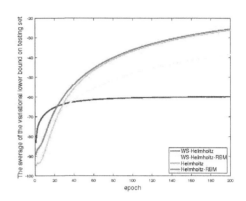

图 4-6　NORB 数据集上 Helmholtz、WS-Helmholtz、
Helmholtz-RBM 和 WS-Helmholtz-RBM 在测试集和训练集上的变分下界的变化曲线

为了分析 RBM 隐节点的个数,训练 RBM 的学习率和训练次数对 HM-RBM 性能的影响,我们在图 4-7(a)、(b)、(c)中分别展示了 RBM 隐节点取 $\{50,$ $100,200,500,1000\}$ 时,训练 RBM 的学习率分别取 $\{0.1,0.01,0.001,0.0001,$ $0.00001\}$ 时,训练 RBM 的次数设置为 $\{1,5,10,20,30\}$ 时,HM-RBM 在 NORB 测试集上的变分下界。结果表明,用 WS 方法训练 HM-RBM 时,这 3 个关于 RBM 的设置对 HM-RBM 的性能影响很小;当用变分方法训练 HM-RBM 时,HM-RBM 的性能对 RBM 的学习率和训练次数不太敏感,对 RBM 隐节点的个数稍微有点敏感,在隐节点取值较大时,HM-RBM 的变分下界较小。

图 4-8(a)展示了 HM 与 HM-RBM 在两种算法下的模型训练时间,同样地,HM-RBM 用了更长的时间训练模型。图 4-8(b)分别展示了两种不同算法下,HM-RBM 相比于 HM 的模型训练时间增加量。图中的 Algorithm1 表示用变分方法训练模型,weak-sleep 表示用 WS 方法训练模型。用 WS 方法训练 HM-RBM 时,需要用 RBM 进行 Gibbs 采样获取顶层节点的激活状态,因此模型训练时间增加量更大。

在 HM 与 HM-RBM 中,识别概率模型用于训练生成概率模型,反过来,生成概率模型也用于训练识别概率模型,因此,识别模型构建的好坏直接影响 HM 与 HM-RBM 构建生成概率模型的好坏。为了量化地比较 HM 与 HM-RBM 构建的识别模型,我们用 HM 与 HM-RBM 训练的识别参数初始化一个用于分类

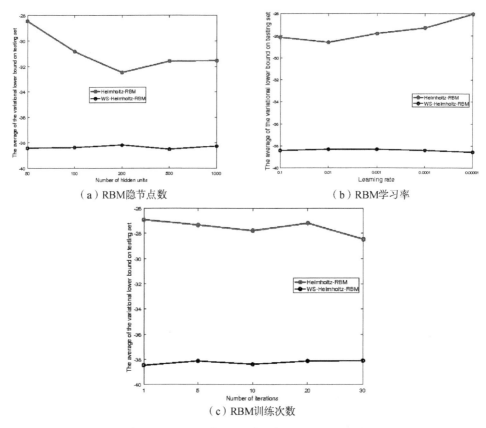

（a）RBM隐节点数　　　　　　　　　　　（b）RBM学习率

（c）RBM训练次数

图 4-7　NORB 数据集上，RBM 的隐节点数、学习率以及迭代次数对 Helmholtz-RBM 和
WS-Helmholtz-RBM 的影响

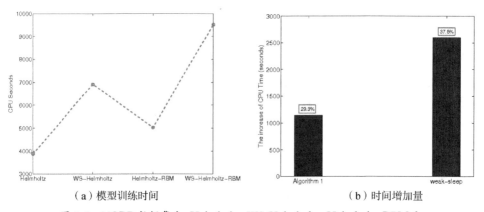

（a）模型训练时间　　　　　　　　　　　（b）时间增加量

图 4-8　NORB 数据集上，Helmholtz、WS-Helmholtz、Helmholtz-RBM 和
WS-Helmholtz-RBM 模型训练时间

的前馈神经网络模型,然后用 BP 算法[4]训练这个前馈神经网络,比较分类结果。实验中,前馈神经网络的隐层为两层,节点数分别为 100,100。HM-RBM 的额外隐层节点数设为 50。BP 训练的次数设为 200。比较方法有 DBN、DBM,还有随机初始化前馈神经网络(BP)。表 4-5 展示了 NORB 测试集和训练集上的分类结果。结果显示,用变分算法训练的 HM-RBM 来初始化前馈神经网络取得了最小的分类误差。

表 4-5   NORB 数据集上分类性能比较

单位:%

方法	训练误差	测试误差
WS-Helmholtz-RBM	0.13	2.16
Helmholtz-RBM	0.035	1.3
DBN	0.05	1.73
DBM	0.048	1.46
BP	0.43	2.65

为了更直观地比较 HM 与 HM-RBM,我们可视化 Helmholtz、WS-Helmholtz、Helmholtz-RBM 和 WS-Helmholtz-RBM 第一层的识别权重与生成权重,以及这两个模型生成的样本。图 4-9 和图 4-10 分别显示了识别权重和生成权重。结果显示 Helmholtz-RBM 和 WS-Helmholtz-RBM 可以学出更多有意义,更加清晰地识别特征与生成特征。图 4-11 显示了 HM 与 HM-RBM 生成的样本,很显然 HM-RBM 生成的样本更加清晰,更加接近真实样本,比较直观地证明了 HM-RBM 更好地构建了 NORB 数据的生成分布。

(a) NORB数据集样本

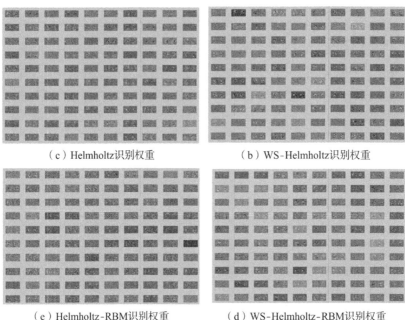

（c）Helmholtz识别权重　　　　　　（b）WS-Helmholtz识别权重

（e）Helmholtz-RBM识别权重　　　　（d）WS-Helmholtz-RBM识别权重

图 4-9　NORB 数据集上,对第一层隐层识别权重进行可视化

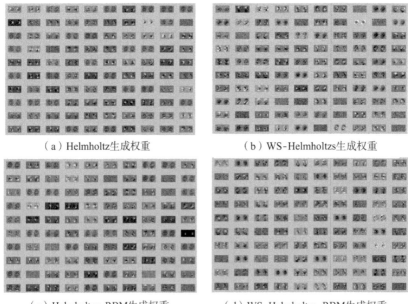

（a）Helmholtz生成权重　　　　　　（b）WS-Helmholtzs生成权重

（c）Helmholtzs-RBM生成权重　　　（d）WS-Helmholtzs-RBM生成权重

图 4-10　NORB 数据集上对第一层隐层生成权重进行可视化

图 4-11　NORB 数据集上生成样本显示

4.4.3　MNIST 数据集

MNIST 数据是 0 到 9 的手写体数据图片,包括 60 000 个训练样本和 10 000 个测试样本。在该部分实验中,我们从训练集中每个类别抽取 2000 个样本作为训练集,原来的测试集仍然是测试集进行实验。我们将 20 000 个训练样本划分为 200 个小数据集,每个数据集包括 100 个训练样本,在每个小数据集上更新模型参数。实验中 HM 仍然是两个隐层,隐节点数分别是 100,100。HM-RBM 包含 3 个隐层,隐节点数分别是 100,100,200。关于 RBM 的设置与小数据集实验中的设置一样。

图 4-12 显示了 Hemholtz、WS-Hemholtz、Helmholtz-RBM、WS-Helmholtz-RBM 在 MNIST 测试集和训练集上变分下界随着训练进行的变化曲线。与 NORB 数据集的实验结果类似,当用 WS 算法训练时,HM-RBM 变分下界明显大于 HM 的变分下界。当用变分方法训练时,HM-RBM 的变分下界只略大于

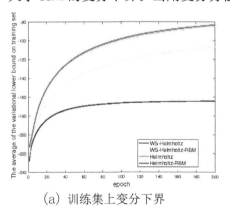

（a）训练集上变分下界

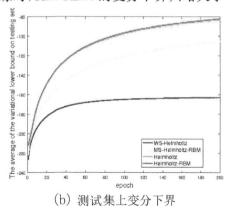

（b）测试集上变分下界

图 4-12　MNIST 数据集上 Helmholtz、WS-Helmholtz、
Helmholtz-RBM 和 WS-Helmholtz-RBM 在测试集和训练集上变分下界的变化曲线

HM 的变分下界。

我们分析了 MNIST 数据集上，HM-RBM 对 RBM 的隐节点数、学习率和迭代次数的敏感性。图 4-13 显示了不同 RBM 隐节点数、训练 RBM 的学习率和训练 RBM 的训练次数下，HM-RBM 在两种训练算法下的变分下界。结果显示，WS-Helmholtz-RBM 对 RBM 的隐节点、学习类别和迭代次数都不敏感。Helmholtz-RBM 在 RBM 隐节点数较大时，变分下界较小。Helmholtz-RBM 对 RBM 的学习率和迭代次数的敏感性不大。

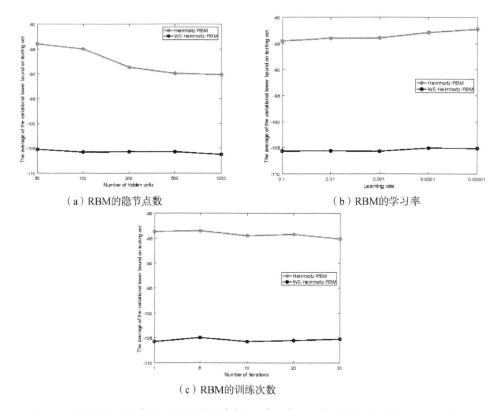

（a）RBM的隐节点数　　　　　　　　（b）RBM的学习率

（c）RBM的训练次数

图 4-13　MNIST 数据集上，RBM 的隐节点数、学习率以及迭代次数对 Helmholtz-RBM 和 WS-Helmholtz-RBM 的影响

图 4-14（a）显示了 MNIST 数据集上，Helmholtz、WS-Helmholtz、Helmholtz-RBM 和 WS-Helmholtz-RBM 模型训练所花费的 GPU 时间（秒）。结果显示 HM-RBM 在两种算法下的模型训练时间都长于 HM 在两种算法下的模型训练时间，这是因为 HM-RBM 多了一个 RBM 训练。图 4-14（b）显示了两种算法下，HM-RBM 比 HM 模型训练时间的增长比例。图中的 Algorithm1 表示用变

分方法训练模型,weak-sleep 表示用 WS 方法训练模型。结果显示,用 WS 算法时,HM-RBM 模型训练花费时间的增加量更大。这是因为用 WS 训练 HM-RBM 时,需要用 Gibbs 采样获取顶层节点的激活状态。

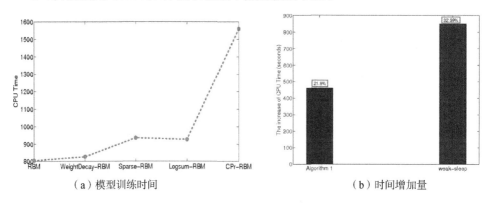

（a）模型训练时间　　　　　　　　　　（b）时间增加量

图 4-14　MNIST 数据集上,Helmholtz、WS-Helmholtz、Helmholtz-RBM 和 WS-Helmholtz-RBM 模型训练时间

为了进一步验证 HM-RBM 构建生成概率模型的性能,我们将 HM-RBM 与两种比较流行的构建生成模型的深度学习方法 DBN、DBM 进行比较。在这个实验中,我们设计了两种 HM-RBM 的模型结构:一个 HM-RBM 包含 3 个隐层,节点数分别是 500,1000,500(HM-RBM-500-1000-500);另一个 HM-RBM 模型也是 3 个隐层,节点数分别是 500,2000,500(HM-RBM-500-2000-500)。用 MNIST 的 60 000 个训练样本来训练这两个模型,用基于变分学习的训练算法训练。模型 HM-RBM-500-1000-500 和 HM-RBM-500-2000-500 在 MNIST 测试集上的变分下界分别是－64.06 和－53.83。而 DBN-500-2000(表示 DBN 包含两个隐层,节点数分别是 500 和 2000)在 MNIST 测试集上的变分下界是－86.22[68], DBM-500-1000(表示 DBM 包含两个隐层,节点数分别是 500 和 1000)在 MNIST 测试集上的变分下界是－84.62[68]。可以看出 HM-RBM 的变分下界明显大于 DBN 与 DBM 的变分下界。

图 4-15 展示了 WS 算法下,HM 与 HM-RBM 第一层的识别权重与生成权重。结果显示,与 HM 相比,HM-RBM 中大部分的识别权重与生成权重可以学出特征,而 HM 中很多的识别权重与生成权重是随机节点,没有学出有意义的特征。图 4-16 显示了 WS 算法下,HM 和 HM-RBM 模型生成的样本。结果显示,相比于 HM,HM-RBM 生成的样本更加清楚,更加接近 MNIST 真实的样本。由此证明,HM-RBM 可以更好地构建 MNIST 数据的生成概率分布。

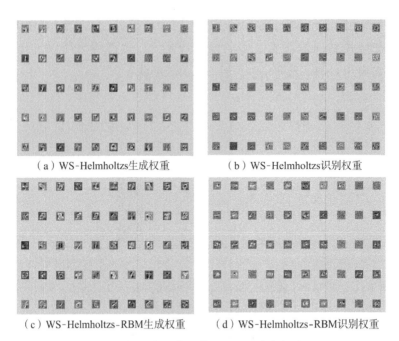

（a）WS-Helmholtzs生成权重　　　　（b）WS-Helmholtzs识别权重

（c）WS-Helmholtzs-RBM生成权重　　　（d）WS-Helmholtzs-RBM识别权重

图 4-15　MNIST 数据集上第一层隐层生成权重可视化

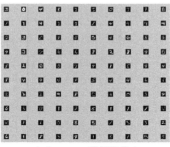

（a）MNIST数据集样本

（b）WS-Helmholtz生成样本　　　　（c）WS-Helmholtz-RBM生成样本

图 4-16　MNIST 数据集上生成样本显示

4.5　小　结

在本章中,我们在 HM 中引入一个额外的隐层用于构建顶层的生成模型,提出了 HM-RBM。传统的 HM 模型,顶层节点的生成概率仅仅由一个参数的 Sigmoid 函数来确定,是人为设定的比较简单的生成概率模型,对顶层节点的生成模型缺乏准确的构建。HM-RBM 中,额外引入的隐层与顶层构成了一个 RBM,来构建顶层节点的生成概率。与参数的 Sigmoid 函数相比,RBM 能更加准确地构建顶层节点的生成模型,原因有两方面:一方面,RBM 是基于能量的参数概率模型,可以构建任意分布的概率模型,因此,用 RBM 比用参数的 Sigmoid 函数能更好地构建顶层生成模型;另一方面,数据从识别模型自底向上得到顶层节点的激活状态,基于激活状态训练 RBM,得到顶层节点的分布。即感知数据为顶层节点的生成模型提供了一定的先验知识,因此,用 RBM 能更好地构建顶层节点的生成概率模型。对顶层生成概率的构建直接影响整个模型对感知数据生成分布的构建。因此,与 HM 相比,HM-RBM 可以更好地构建感知数据的生成分布模型。我们通过在小数据集、MNIST 和 NORB 数据集上进行大量的实验,结果表明,HM-RBM 构建生成模型的性能优于 HM 的性能。

第 5 章　基于类别保留的正则化的限制玻尔兹曼机

众所周知,限制玻尔兹曼机(Restricted Boltzmann Machine,RBM)被广泛地用作特征提取器,以完全无监督的方式对感知数据进行特征提取,提取出来的特征用于训练单独的分类器来解决分类问题。在本章,我们提出一种引入标签信息的正则化的 RBM,使得该 RBM 提取出的特征包含更多的标签信息,称为类别保留 RBM,记为 CPr-RBM。具体来说,我们对 RBM 施加了两个约束,使类别信息清晰地反映在提取的特征中。一个约束可以减小类内特征的距离,另一个约束可以增大类间特征的距离。这两个约束将类别信息引入 RBM 中,使得提取的特征包含更多的类别信息。用包含更多类别信息的特征训练单独分类器,相信可以更好地解决分类问题。我们在 MNIST 数据集和 20-newsgroups 数据集上进行了实验,结果表明,CPr-RBM 学习了更多的判别表示,在处理分类问题时优于其他相关的先进模型。

5.1　引　言

RBM 是一种非常流行的概率图模型,用于对输入数据的概率分布进行建模。它由一个可视层和一个隐层构成,可视层对应观测数据量,隐层用于构建可视层的高阶相关性。最常用的训练算法是对比散度算法(CD)[65]。到目前为止,多种改进的 CD 方法被提出,例如 PCD[69]、回火转换算法[70]、并行回火[71,72]、flip-the-state 转换操作子[73]等。这些方法与 CD 方法的不同之处在于在模型分布中抽取样本的方式不同。

RBM 已经被成功地用作特征提取器,然后利用提取的特征训练另一个单独的分类器来处理各种分类问题,如图像分类[74-76]和文本分类[77-79]。图 5-1 展示了用 RBM 作为特征提取器,解决图片分类问题的示意图:将数据输入 RBM 计算隐节点的激活概率,这个激活概率就看作是特征,将这个特征输入到另一个单独的分类器进行分类操作。RBM 提取的特征质量直接影响后续的分类结果,为了进一步提高 RBM 学习表示的能力,各种正则化的 RBM 模型被提出。例如,一种最简单但被广泛使用的正则化 RBM 称为权重衰减 RBM(WD-RBM)[6],它惩罚参数的增长以避免过拟合。另一种完全不同的正则化技术是将稀疏性引入 RBM 中以鼓励提取到的特征能够更好地解开数据中包含的潜在变异因素。Lee 等人[80]设计了一种非常有效的 RBM 稀疏版本(Sparse-RBM),通过施加稀疏约束,使得隐层节点的期望激活值小于一个人为设定的小值。Nannan Ji 等人[81]提出了另一种新的稀疏 RBM 版本(Logsum-RBM),它对隐层节点激活概率总和加入对数和正则化约束项。与 Sparse-RBM 相比,Logsum-RBM 的可以基于数据自动学习每个隐层节点的稀疏程度,可以学习更多的判别表示。虽然提出的这些正则化的 RBM 在学习好的表示方面显示出了很好的效果,但是这些表示是以完全无监督的学习方式学习的,因此,不能保证这些 RBMs 提取的特征最终对需要解决的监督任务有用。

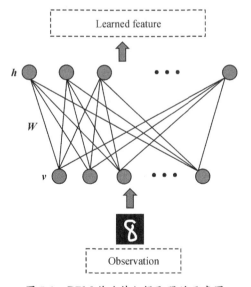

图 5-1　RBM 作为特征提取器的示意图

在本章中,我们将类别信息融入 RBM 中提出了 CPr-RBM,以鼓励由隐层学到的表示包含更多的判别信息,能够很好地用于解决监督任务。具体地说,我们对 RBM 的隐层输出引入两个约束,其中一个约束是使得同类别的数据输出尽可能彼此接近;另一个约束数是使得不同类别输出尽可能彼此远离。为了用数学公式表示这两个约束,受到流形正则化的启发,对第一个约束我们定义一个正则化项,以惩罚同类别数据特征的大变化;对第二个约束引入另一个正则化项,以惩罚不同类数据的小变化。相比于现有的正则化 RBM 版本,CPr-RBM 融入了数据的类别信息,提取出的特征包含更多的判别信息,能更好地解决分类问题。

5.2   CPr-RBM 模型与相关理论证明

虽然 RBM 作为一种特征提取器已经被成功地用于处理分类问题,但其提取的特征是在完全无监督的方式下获取的,因此不能保证这些提取的特征对分类任务是有用的。考虑到这个问题,我们对 RBM 引入类别信息,提出类别保留 RBM、CPr-RBM。得益于两个约束项——类内亲和与类间排斥,CPr-RBM 能够很好地保留特征的类别信息。流形学习认为数据概率分布的几何结构可以映射在一个低维流形上,本章中提出的两个正则化项是从流形正则化[43,82,83]延伸得到的,其假设同类别的数据的隐层分布相对,不同类别的数据的隐层分布不同。具体的数学公式将在下面给出。

5.2.1   类内亲和与类间排斥的正则化公式

我们在本节介绍类内和类间的正则化公式。设 $\{v^{(n)},y^{(n)}\}_{n=1}^{N}$ 为训练样本,N 为样本个数,$v^{(n)}\in R^{P}$ 为样本属性,$y^{(n)}\in R^{1}$ 为样本标签。

流形学习认为高维数据实际是一种低维的流形结构嵌入在高维空间中。流形学习的目的是将其映射回低维流形中,使得该低维流形能尽可能保留高维数据的某些本质结构特征。我们已经在上一节对流形正则化进行了详细的介绍,加入数据中的流形约束由公式(3-7)给出。受到流形正则化的启发,我们提出了类内亲和与类间排斥的正则化项,使得 RBM 学到的表示能够尽量保持同类别数据间的本质特征结构,不同类别间本质特征尽可能不相同。我们用欧式距离来度量数据表示的相同或不同程度。类内亲和就是最小化同类别数据表示的欧式距离,类间排斥就是最大化不同类别数据表示的欧式距离。

　　类内亲和:为了实现类内亲和,我们要求同类别数据的表示尽可能保留该类别数据的结构特征,一种直观的期望就是,要求同类别数据的表示尽可能接近。即如果数据$v^{(n)}$和$v^{(m)}$来自同一类别,则认为其在 RBM 的隐层表示 $P(h|v^{(n)})$ 和 $P(h|v^{(m)})$是很接近的。为了把这个约束引入数据集$\{v^{(n)}, y^{(n)}\}_{n=1}^{N}$,我们最小化如下的正则项,使得同类数据的表示尽可能接近:

$$L_{intra-class} = \frac{1}{2} \sum_{n,m} u_{n,m} \| P(h|v^{(n)}) - P(h|v^{(m)}) \|^2, \tag{5-1}$$

其中 $u_{n,m}$ 是数据$v^{(n)}$和$v^{(m)}$是否是同类别的检测值,如果是同类别,则取值为 1,否则取值为 0。该正则化项只惩罚同类别数据的表示。要求同类别数据表示尽可能接近。直观地说,当数据 v 进行微小变化时,公式(5-1)对其条件概率 $P(h|v)$的大变化进行惩罚。具体地,就是使得同类别数据的特征表示尽可能接近。

　　类间排斥:为了实现类间排斥,我们要求不同类别数据的表示结构特征尽可能不同。即如果数据$v^{(n)}$和$v^{(m)}$来自不同类别,则认为其在 RBM 的隐层表示 $P(h|v^{(n)})$和 $P(h|v^{(m)})$是很不相同的。我们通过最小化下述公式,实现类间排斥:

$$L_{intra-class} = \frac{1}{2} \sum_{n,m} \widetilde{u}_{n,m} \exp(-\| P(h|v^{(n)}) - P(h|v^{(m)}) \|^2), \tag{5-2}$$

其中 $\widetilde{u}_{n,m} = 1 - u_{n,m}$,当数据$v^{(n)}$和$v^{(m)}$是同类别时,取值为 0,否则取值为 1。函数 $g(x) = \exp(-x)$是一个严格单调减函数,只有当 x 取值较大时,函数 $g(x)$ 取值才会较大。因此最小化公式(5-2)就实现了最大化不同类数据表示的距离。直观地说,当数据 v 进行较大程度变化时,公式(5-1)对其条件概率 $P(h|v)$的微小变化进行惩罚。具体地,就是使得不同类别数据的特征表示尽可能排斥。

5.2.2　CPr-RBM

　　RBM 的模型结构(图 4-2)与训练算法(算法 4-3)已在 4.3.2 小节中详细给出,这里就不再介绍。CPr-RBM 模型的结构与 RBM 模型的结构一样,也是由输入层与隐层构成的,同层节点之间无连接,不同层节点之间全连接。不同之处就是模型训练的目标函数不同。将公式(5-1)和公式(5-2)定义的类内亲和与类间排斥的正则化项引入 RBM 的目标函数,得到 CPr-RBM 的目标函数:

$$\min_{\theta} - \sum_{n=1}^{N} \log P(\boldsymbol{v}^{(n)};\theta) + \frac{\lambda_1}{2} \sum_{n,m} u_{n,m} \| P(\boldsymbol{h} | \boldsymbol{v}^{(n)};\theta) - P(\boldsymbol{h} | \boldsymbol{v}^{(m)};\theta) \|^2$$

$$+ \frac{\lambda_2}{2} \sum_{n,m} \widetilde{u}_{n,m} \exp(- \| P(\boldsymbol{h} | \boldsymbol{v}^{(n)};\theta) - P(\boldsymbol{h} | \boldsymbol{v}^{(m)};\theta) \|^2), \tag{5-3}$$

其中 λ_1 和 λ_2 分别是类内亲和与类间排斥正则项的惩罚参数。该目标函数的第一项是训练标准 RBM 的目标函数,目的是使 RBM 构建的概率分布尽可能准确地拟合感知数据的分布;第二项是使 RBM 学到的数据表示满足同类别尽可能相同;第三项是使 RBM 学到的数据表示满足不同类别尽可能不相同。

原则上,优化问题(5-3)可以通过梯度下降方法进行求解,然而该目标函数中对数似然项的梯度计算在实际计算中行不通。仿照文献[80]的方法,我们先用 CD 算法近似对数似然的梯度,进行一次梯度更新,然后计算目标函数的两个正则项关于模型参数的偏导数,进行一次梯度更新,重复这两次梯度更新,进行模型训练。正则化项关于模型参数的偏导数的计算公式为:

$$\frac{\partial L_{intra-class}}{\partial \omega_{i,j}} = \sum_n \sum_m u_{n,m} (h_j^{(n)} - h_j^{(m)}) [p_j^{(n)}(1-p_j^{(n)})v_i^{(n)} - p_j^m(1-p_j^m)v_i^{(m)}],$$

$$\tag{5-4}$$

$$\frac{\partial L_{intra-class}}{\partial \omega_{i,j}} = \sum_n \sum_m u_{n,m} (h_j^{(n)} - h_j^{(m)}) [p_j^{(n)}(1-p_j^{(n)}) - p_j^{(m)}(1-p_j^{(m)})],$$

$$\tag{5-5}$$

$$\frac{\partial L_{inter-class}}{\partial \boldsymbol{\omega}_{i,j}} = - \sum_n \sum_m \widetilde{u}_{n,m} e^{-\sum_j (h_j^{(n)} - h_j^{(m)})^2} (h_j^{(n)} - h_j^{(m)})$$

$$[p_j^{(n)}(1-p_j^{(n)})v_i^{(n)} - p_j^{(m)}(1-p_j^{(m)})v_i^{(m)}], \tag{5-6}$$

$$\frac{\partial L_{inter-class}}{\partial c_j} = \sum_n \sum_m \widetilde{u}_{n,m} e^{-\sum_j (h_j^{(n)} - h_j^{(m)})^2} (h_j^{(n)} - h_j^{(m)})$$

$$[p_j^{(n)}(1-p_j^{(n)}) - p_j^{(m)}(1-p_j^m)], \tag{5-7}$$

其中 $p_j^{(n)}$ 表示数据 $v^{(n)}$ 给定时,RBM 第 j 个隐节点的激活概率。$h_j^{(n)}$ 表示从概率 $p_j^{(n)}$ 中抽取的 RBM 第 j 个隐节点的激活状态值。关于 CPr-RBM 的详细的训练流程在算法 5-1 中给出。

Input：训练集设 $\{v^{(n)},y^{(n)}\}_{n=1}^{N}$，$N$ 训练样本个数，P 可视层节点数，m 隐层节点数，T 训练轮数，τ 学习率。

Output：RBM 模型参数 $\omega_{i,j},b_i,c_j,i=1,\cdots,p,j=1,\cdots,m$。

1   随机初始化模型参数：$\{\omega_{i,j}(0)\},\{b_i(0)\},\{c_j(0)\}$；

2   **for** $t=0,1,\cdots,T$ **do**

3   **for** $n=1,2,\cdots,N$ **do**

4   获取训练样本 $(v^{(n)},y^{(n)})$；

5   利用 CD 方法更新参数：计算似然项部分的梯度，进行参数更新；

- 利用公式(4-21)～(4-23)计算参数的偏导数：$\Delta\omega_{i,j}$，Δb_j，Δc_j。
- 利用梯度上升法更新参数：

$$\omega_{i,j}(t+1)=\omega_{i,j}(t)+\tau\Delta\omega_{i,j}(t),$$
$$b_i(t+1)=b_i(t)+\tau\Delta b_i(t),$$
$$c_j(t+1)=c_j(t)+\tau\Delta c_j(t)。$$

更新正则化项对应的参数：利用公式(5-4)自顶向下计算各层生成概率；

- 利用公式(5-4)～(5-7)计算两个正则化项关于参数的偏导数：

$$\frac{\partial L_{intra-class}}{\partial \omega_{i,j}},\frac{\partial L_{intra-class}}{\partial c_j},\frac{\partial L_{inter-class}}{\partial \omega_{i,j}},\frac{\partial L_{inter-class}}{\partial c_j};$$

- 利用梯度下降法更新参数：

$$\omega_{i,j}(t+1)=\omega_{i,j}(t+1)-\tau(\lambda_1\frac{\partial L_{intra-class}}{\partial \omega_{i,j}}-\lambda_2\frac{\partial L_{inter-class}}{\partial \omega_{i,j}}),$$
$$c_j(t+1)=c_j(t+1)-\tau(\lambda_1\frac{\partial L_{intra-class}}{\partial c_j}-\lambda_2\frac{\partial L_{inter-class}}{\partial c_j})。$$

6   **end**

7   **end**

算法 5-1   CPr-RBM 训练流程

5.2.3　理论证明

接下来我们通过互信息证明,引入类内亲和与类间排斥的正则化项后,RBM 学到的表示包含更多的判别信息,用该表示训练分类器可以提高分类器的判别能力。定理内容及证明如下:

定理 5.1　当类内亲和约束与类间排斥约束引入 RBM 之后,RBM 学到的表示具有更多的判别信息,从而可以提高分类器的判别能力。

证明　给定一个样本 v,利用互信息很容易得出:

$$I(\hat{y};h|v)=H(h|v)+H(\hat{y}|v)-H(h,\hat{y}|v), \qquad (5\text{-}8)$$

其中 h 是 RBM 学到的关于数据 v 的表示(隐节点的激活状态)。$\hat{y}$ 对数据 v 的标签的估计,是由一个定义在 h 上的分类器得到的,因此可以将 $\hat{y}$ 记为 $\hat{y}=g(h)$,$g(h)$ 表示分类器函数。$I(\hat{y};h|v)$ 表示给定样本 v 时,标签变量 $\hat{y}$ 与表示 h 之间的互信息。$H(h\mid v)=-\sum\limits_{h}P(h\mid v)\log P(h\mid v)$ 在数据 v 给定的条件下,随机变量 h 的条件熵。

根据熵定义以及条件熵的链式规则[84],很容易得出 $H(h|v)=H(h,g(h)|v)$,即,$H(h|v)=H(h,\hat{y}|v)$。从而可以得出如下结论:

$$H(\hat{y};h|v)=H(\hat{y}|v)=H(g(h)|v)。 \qquad (5\text{-}9)$$

引入类内亲和与类间排斥的约束,即直接将标签信息引入表示,从而 RBM 学到的表示必然包含了更多的标签信息,直接导致标签变量 $\hat{y}=g(h)$ 包含更多的标签信息,从而标签变量 $\hat{y}$ 的不确定性减小,即熵 $H(\hat{y}|v)$ 增大了,从而由公式(5-9)得知 $H(\hat{y};h|v)$ 增大了。即数据 v 给定时,随机变量 $\hat{y}$ 包含变量 h 的信息量增大,从而使分类器的判别能力提高。

5.3　实　验

在本节中,我们分别在两个常用的图片和文本数据集——MNIST 数据集[85]、20-newgroup 数据集[86]进行了实验,验证了该算法的有效性。所有参与对比的各种正则化 RBM 的相关超参数都是通过类似于网格搜索的方法基于验证集进行最优的选择。具体地,以 CPr-RBM 为例,对于定性比较,我们用 CPr-RBM 进行采样,基于验证集上重构误差选择最优参数;对于定量比较,我们用

Fisher 分类器对 CPr-RBM 学到的表示进行分类,基于验证集上的分类性能进行参数选择。其余正则化 RBM 模型的惩罚参数也是用相同的方法进行选择。表 5-1 列出了正则化 RBM 模型的相关超参数的选择范围。模型训练的迭代次数根据早期停止准则,通过验证集上的重构误差或 Fisher 分类器的分类误差进行确定。

表 5-1　MNIST 数据集上不同正则化 RBM 的相关参数设置

超参数	描述	取值范围
α	RBM 及其他变形的学习率(除了 CPr-RBM)	$[0.001, 0.01, 0.1]$
λ	Sparse-RBM 和 Logsum-RBM 的惩罚系数	从 0.01 到 0.21,步长 0.01
ϵ	Logsum-RBM 的稀疏惩罚系数	从 0.01 到 0.32,步长 0.02
p	Sparse-RBM 的稀疏目标	从 0.01 到 0.12,步长 0.01
W_d	WD-RBM 的权重惩罚系数	$[0.0001, 0.001, 0.01, 0.1]$
ξ	CPr-RBM 的学习率	从 0.0005 到 0.05,步长 0.0005
λ_1	CPr-RBM 的类内距惩罚系数	从 0.01 到 0.21,步长 0.01
λ_2	CPr-RBM 的类间距惩罚系数	从 0.01 到 0.32,步长 0.02

5.3.1　MNIST 数据集

MNIST 数据集包含 60 000 个训练样本和 10 000 个测试样本。考虑到模型计算成本,我们从训练集中每类随机抽取 2000 个样本,总共抽取 20 000 个样本作为训练集。从剩余的训练样本中随机抽取 10 000 个样本作为验证集,原来的测试集仍然用作实验的测试集。实验中所有 RBM 模型的隐节点数设为 500。

为了定性比较 CPr-RBM 学习到的表示,我们在图 5-2 分别对 CPr-RBM 以及其他 RBM 模型的前 100 个连接权重(起到滤波器的作用)进行可视化。每个滤波器学习到手写体数据的某个特征。可以看出 RBM 的很多滤波器都是随机点,学不到任何特征,部分滤波器都只能检测到数据的局部点,只有很少部分的滤波器可以学到简单的笔画特征。WD-RBM 中学不到特征的滤波器相对较少,可以学到简单笔画特征的滤波器增多。Sparse-RBM 中大部分滤波器可以学到简单的笔画特征。Logsum-RBM 的大部分滤波器都可以学习到更加抽象的特征,部分滤波器甚至可以学到数据的手写体数字的部分轮廓。相比于其他的 RBM 模型,CPr-RBM 几乎所有的滤波器都可以学到有意义的特征,这些学习到的特征都更加抽象,大部分特征甚至可以学习到手写体数据的整个轮廓,直接可以检测出具体的数据,显然更具有判别性,从而 CPr-RBM 学到的表示更具有判别性。

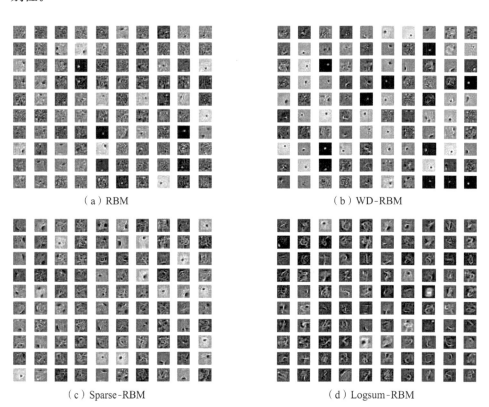

（a）RBM　　　　　　　　　　　　　（b）WD-RBM

（c）Sparse-RBM　　　　　　　　　　（d）Logsum-RBM

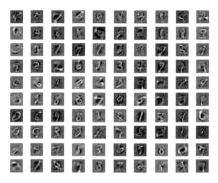

图 5-2　MNIST 数据集上 100 个连接权重可视化

　　为了更进一步证明 CPr-RBM 学到的表示具有更多的判别信息,我们在图 5-3 展示了 MNIST 测试集上不同 RBM 模型学到的表示在每个类别上的类内距和所有类别上的最小类间距。此外,我们用 PCA 计算这些表示的前两个主成分,在图 5-4 中进行可视化。图 5-3 结果显示,与其他 RBM 模型相比,CPr-RBM 在 MNIST 数据集上学到的表示具有最小的类内距和最大的最小类间距。图 5-4 结果显示,相比于其他 RBM 模型,CPr-RBM 的表示的前两个主成分具有更好的可视化效果,不同类别的数据点区分更加清楚。结果表明,通过引入类内亲和与类间排除的约束,CPr-RBM 学到的表示能更好地学到数据的潜在结构,包含更多的判别信息:同类别数据的表示更加紧凑,不同类别数据的表示更加疏远。

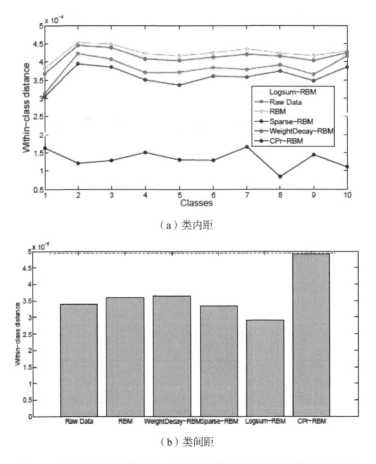

（a）类内距

（b）类间距

图 5-3　MNIST 数据集上 10 个类别的特征的类内距和最小类间距

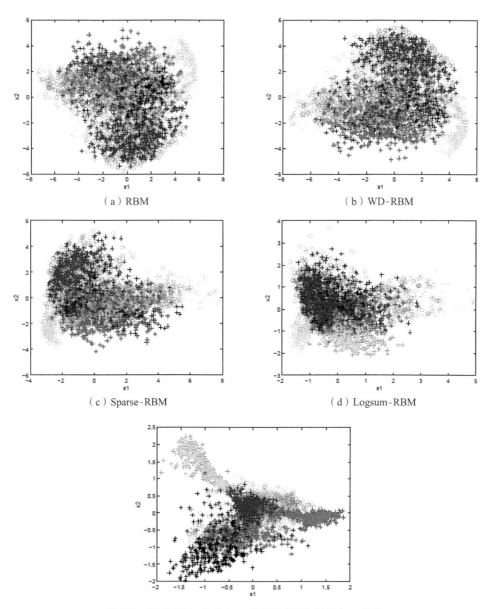

图 5-4 MNIST 数据集上不同 RBM 提取的特征可视化

为了量化地比较 CPr-RBM,我们分别对 CPr-RBM 及其他 RBM 模型进行训练,然后计算训练集上的表示,用该表示作为训练集来训练一个单独的 Fisher 分类器,比较分类结果。我们以 CPr-RBM 为例解释实验设计,先训练 CPr-RBM,然后将训练集输入 CPr-RBM 计算这些训练集的表示,用该表示以及对应的标签作为训练 Fisher 分类器的训练集。分别从每个类别抽取 500,1000,2000 个样本来训练分类器,实验进行 10 次,平均、最大和最小的分类误差在表 5-2 中展示。为了便于比较,我们在图 5-5 中展示了 CPr-RBM 相比于其他 RBM 模型,平均、最大和最小分类误差的减少量(%)。实验结果表明,用 CPr-RBM 学到的表示获得最小的分类误差,从而相比于其他 RBM 模型,学到的表示更具有判别能力,对解决分类问题更有优势。

表 5-2　MNIST 数据集上 CPr-RBM 及其他正则化 RBM 学习的表示进行分类的误分率

单位:%

方法	误差	500 样本		1000 样本		2000 样本	
		训练集	测试集	训练集	测试集	训练集	测试集
RBM	平均	7.06	8.87	8.22	8.39	8.38	8.21
	最小	6.7	8.55	7.72	8.24	8.18	8.06
	最大	7.42	9.07	8.63	8.57	8.69	8.48
WD-RBM	平均	6.81	8.56	7.67	8.16	8.28	8
	最小	6.38	8.26	7.09	7.84	8.09	7.67
	最大	7.9	8.61	8.21	8.51	8.7	8.69
Sparse-RBM	平均	6.55	8.06	7.37	7.66	7.56	7.28
	最小	6.2	7.73	7.04	7.24	6.98	6.71
	最大	6.82	8.4	7.75	8.11	7.88	7.68
Logsum-RBM	平均	6.68	8.07	7.25	7.82	7.55	7.18
	最小	6.32	7.7	6.89	7.46	7.37	6.74
	最大	7.08	8.34	7.51	8.06	8.11	8.11
CPr-RBM	平均	**6.27**	**7.57**	**6.96**	**7.14**	**7.12**	**7**
	最小	**6**	**7.23**	**6.81**	**6.83**	**6.93**	**6.69**
	最大	**6.62**	**7.91**	**7.14**	**7.65**	**7.41**	**7.24**

注:最优结果加粗显示。

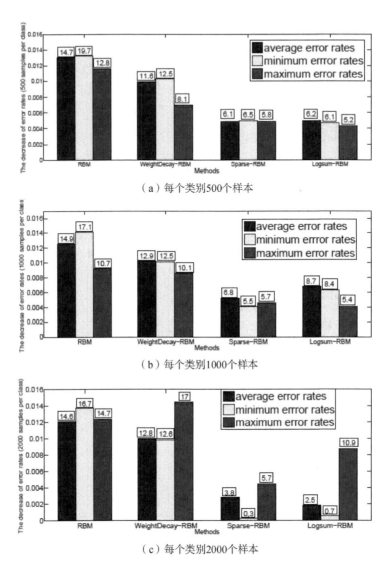

（a）每个类别500个样本

（b）每个类别1000个样本

（c）每个类别2000个样本

图 5-5　MNIST 数据上不同的训练样本的数量下，
Cpr-RBM 相比于其他正则化 RBM 模型的误分率的减少量（%）

　　图 5-6 展示了模型训练时间。可以看出 CPr-RBM 所用的模型训练时间最长，是标准 RBM 所花费时间的 2 倍，这是因为 CPr-RBM 引入了两个正则化项，需要花费更多的时间计算参数偏导数。

　　为了分析 CPr-RBM 对两个惩罚参数的敏感度，图 5-7 展示了不同惩罚参数下 CPr-RBM 的表示得到的测试分类误差，图中 r1 对应于类内约束项，r2 对应于类间约束项。结果表明,在 MNSIT 数据集上,CPr-RBM 对类内约束项的参数比较敏感,在该惩罚参数取值较小时,分类结果较好。在类内约束项参数取值较小时,CPr-RBM 对类间约束参数不是很敏感,在给定的范围$[0.01, 0.3]$内分类结果统一比较小。

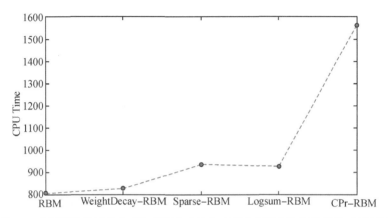

图 5-6　MNIST 数据集上 CPr-RBM 及其他正则化 RBM 的模型训练时间(秒)

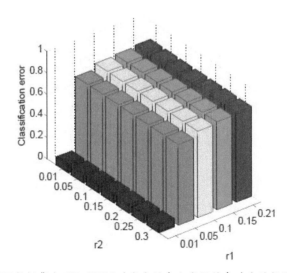

图 5-7　MNIST 数据集上 CPr-RBM 对类内约束和类间约束对应的惩罚参数的敏感性

RBM 是深度神经网络的重要组件,用于预训练深度网络模型,提高模型泛化性能。为了进一步量化地比较 CPr-RBM 的性能,我们模仿深度信念网(Deep Belief Network,DBN)[42]思想,用 CPr-RBM 预训练一个深度神经网络分类器,然后用 BP 算法进行模型微调,该模型记为 CPr-DBN。类似地,用 RBM、WD-

RBM、Sparse-RBM 和 Logsum-RBM 预训练的深度网络分类器分别记为 DBN、WD-DBN、Sparse-DBN 和 Logsum-DBN。该实验中,深度网络模型包含 3 个隐层,隐节点分别为 500,500,2000。该实验的对比方法还有比较流行的 SVM[87]、Boosted trees[88] 和集成深度 SVM 方法(Ex-Adaboost-DeepSVM)[89]。为了进行公平比较,我们用 MNIST 的 60 000 个训练样本进行训练,从中随机选出 1000 个样本作为验证集进行超参数选择。在该实验中,Ex-Adaboost-DeepSVM 的层数设置为 3 层,每层的 SVM 个数分别设为 1,2,3。SVM 使用的是高斯核,核参数基于验证集上的分类性能从 $\{2^i | i = -8, \cdots, 8\}$ 中进行选择。我们还尝试了用 CPr-RBM 预训练深度网络分类器,然后用 BP 微调时对 BP 进行改进,将类内亲和与类间排斥的约束项引入到 BP 训练中,该方法记为 CPr-DBN+CPr-DBN。表 5-3 分别展示了不同方法的测试分类误差。与所有 DBN 模型相比,CPr-DBN 得到的分类误差虽然不是最小的,但是是次小的,而且仅比最小误差高 0.01%,表明用 CPr-RBM 预训练深度神经网络分类器方面有优势。实验中模型 CPr-DBN+CPr-DBN 取得最小的分类误差,只有 0.98%,表明在 BP 训练中引入类内亲和与类间排斥的约束,有助于提高神经网络分类器的分类性能。

表 5-3   MNIST 数据集上不同分类器在测试集上的误分率

单位:%

方法	误分率
SVM	1.40[87]
Ex-Adaboost-DeepSVM(1-2-3)	1.23
Boosted trees(17 leaves)	1.531[88]
DBN	1.20[6]
WeightDecay-DBN	1.12[81]
Sparse-DBN	1.87[90]
Logsum-DBN	1.02[81]
CPr-DBN	1.03
CPr-DBN+CPr-BP	**0.98**

注:最优结果加粗显示。

5.3.2   20-newsgroups 数据集

20-newsgroups 数据集由大约 20 000 个新闻组文档组成的,被分成 20 个新闻组,每组对应一个主题。该数据有 11 269 个训练样本、7505 个测试样本。在我们的实验中,取训练集中的前 8400 个样本作为实验的训练集,再从剩余的 2869 个样本中抽取 2800 个样本作为验证集。从 7505 个测试样本中随机抽取 7500 个样本作为测试集。我们将训练集划分为 84 个小数据组进行训练,在每个数据组上进行参数更新。实验中所有 RBM 模型的隐节点设为 1000,学习率设为 0.01。CPr-RBM 及其他 RBM 模型的相关超参数选择都是基于验证集从 {0.001, 0.0001, 0.00001, 0.000001} 中进行选择,选择方式与 MNIST 数据集上的选择方式一样。模型训练步数也与 MNIST 数据集上实验的选择方式一样。

为了进行定性比较,图 5-8 展示了 20-newsgroups 测试集上 CPr-RBM 及其他 RBM 模型学到的表示的 20 个类别的类内距和最小的类间距。结果显示 CPr-RBM 的表示具有最小的类内距和最大的最小类间距,表明与其他 RBM 模型相比,CPr-RBM 学到的表示包含更多的标签信息。

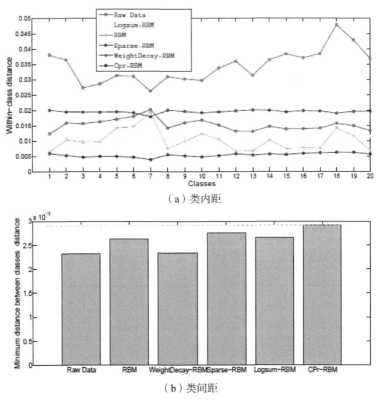

（a）类内距

（b）类间距

图 5-8　20-newsgroups 数据集上 20 个类别的特征的类内距和最小类间距

　　为了进行定量比较,我们进行分类实验。以 CPr-RBM 为例进行说明,先训练 CPr-RBM,然后计算训练集在 CPr-RBM 上的表示,用这些表示作为训练样本训练一个单独的 Fisher 判别分类器。进行测试时,计算测试集在 CPr-RBM 上的表示,用该表示作为 Fisher 分类器的测试集,计算分类误差。实验进行 10 次,在表 5-4 中展示了平均、最小和最大的分类误差。为了便于比较,图 5-9 展示了 CPr-RBM 相比于其他 RBM 模型,在平均、最小和最大分类误分率上的减少量。结果显示与其他 RBM 模型相比,CPr-RBM 获得最小的误分率,表明引入类内亲和与类间排斥的约束,可以使得 RBM 学到的表示包含更多的判别信息,更适合解决分类问题。

表 5-4　20-newsgroups 数据集上 CPr-RBM 及其他正则化 RBM 学到的表示进行分类的误分率

单位:%

方法	误分率	训练集	测试集
RBM	平均	11.64	26.69
	最小	11.52	26.44
	最大	11.71	27.20
WeightDecay-RBM	平均	11.64	26.91
	最小	11.49	26.53
	最大	11.81	27.49
Sparse-RBM	平均	11.38	26.83
	最小	11.21	26.30
	最大	11.52	27.41
Logsum-RBM	平均	11.55	26.76
	最小	11.21	26.41
	最大	11.82	27.00
CPr-RBM	平均	**11.17**	**26.44**
	最小	**11.40**	**26.27**
	最大	**11.01**	**26.91**

注:最优结果加粗显示。

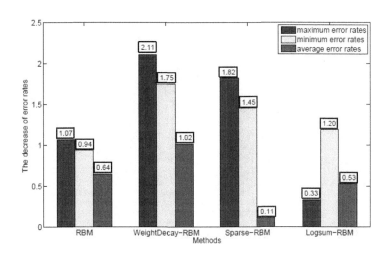

图 5-9　20-newsgroups 数据集上 CPr-RBM 相比于其他
正则化 RBM 模型的误分率的减少量(%)

　　图 5-10 展示了训练 CPr-RBM 及其他 RBM 模型所用的时间,结果显示 CPr-RBM 所用的时间最多,是 RBM 模型所用时间的近 2 倍,这是因为两个正则化项需要花费更多的时间计算偏导数。

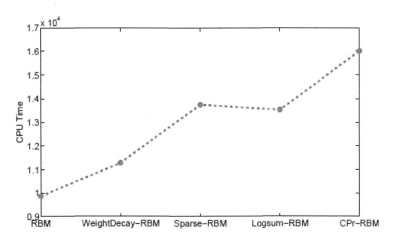

图 5-10　20-newsgroups 数据集上 CPr-RBM 及其他
正则化 RBM 模型的训练时间(秒)

　　图 5-11 展示了 CPr-RBM 对类内亲和与类间排斥的相关惩罚参数的敏感性。结果表明在 20-newsgroup 数据集上,只有当两个惩罚参数同时取值较小时,得到的分类结果比较好。

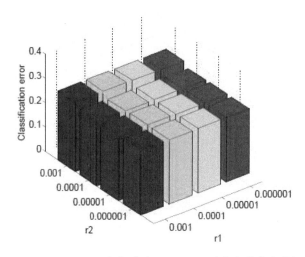

图 5-11   20-newsgroups 数据集上 CPr-RBM 对类内约束和类间约束
对应的惩罚参数的敏感性

为了进一步进行量化比较,我们用 CPr-RBM 及其他 RBM 模型分别预训练
深度神经网络分类器,然后用 BP 算法微调分类器,比较分类结果。实验中神经
网络分类器包含两个隐层,隐层节点分别是 1000 和 500。实验进行 10 次,表 5-5
展示了平均、最小和最大的分类误差。结果显示 CPr-RBM 预训练的神经网络分
类器获得了最优的分类结果,表明相比于其他 RBM 模型,CPr-RBM 给出了神经
网络分类器更好的初值,更适合进行初始化神经网络分类器。

表 5-5   20-newsgroups 数据集上 CPr-RBM 及其他正则化 RBM 预训练的神经网络
分类器的误分率

单位:%

方法	误分率	测试集
DBN	平均	30.97
	最小	30.36
	最大	31.53
WeightDecay-DBN	平均	25.95
	最小	25.53
	最大	26.70
Sparse-DBN	平均	25.40
	最小	25.71
	最大	25.74

方法	误分率	测试集
Logsum-DBN	平均	24.71
	最小	24.56
	最大	24.99
CPr-DBN	平均	24.61
	最小	**24.49**
	最大	**24.70**

注:最优结果加粗显示。

5.4　小　结

我们在本章提出了一种新的正则化 RBM 方法,该方法结合标签信息进行监督特征提取。正则化的作用是使同一个类中的表示尽可能接近,使不同类中的表示尽可能分离。与已有的正则化 RBM 模型相比,本文提出的 CPr-RBM 模型能够利用标签信息,保证提取的特征对分类问题有用,在解决分类问题时可以提高分类精度。在 MNIST 数据集和 20-newsgroups 数据集上的实验表明,与现有的 RBM 模型相比,CPr-RBM 模型提取的特征具有更强的识别力,对解决分类问题更有优势。

第 6 章　具有多维连接权重的神经网络

生物学研究表明神经元之间主要通过神经递质来传递信息。一个神经元通过同时释放多种不同的神经递质,经过神经递质间的相互协同与拮抗作用于另一个神经元来进行信息传递。受这一生物发现启发,本章我们对神经网络的连接权重进行维数扩展,提出具有多维连接权重的神经网络,记为 MNN。在 MNN 模型中,节点间的连接权重是多维向量,每一个维度对应一种神经递质,不同的维度对应不同的神经递质,维数对应神经递质的类别数。为了模拟神经递质间的协同与拮抗作用,我们从 Sigmoid 激活函数出发,启发式地定义 MNN 节点的输入与输出,实现不同维度的权重的协同与拮抗作用。从生物学的角度来看,所提出的网络模型引入神经递质的多样性,编码机制更接近生物神经网络的编码机制,有望更加智能。从模型结构的角度来看,每个隐节点的激活基于多个滤波器,只有在节点的输入信号与所有维度的滤波器同时匹配时,节点的激活概率才较大,因此节点激活更稀疏,模型更具有可解释性。在 MNIST、NORB 和其他几个小规模数据集上的分类实验结果表明,通过扩展节点间连接权重的维数可以提高传统神经网络的性能,多连接权重的思想为神经网络的结构设计提供了新的思路。

6.1　引　言

研究者们受到大脑皮层分层组织结构和分层处理机制的启发,提出了各种人工神经网络模型:深度信念网(Deep Belief Network,DBN)[55]、深度玻尔兹曼机(Deep Boltzmann Machine,DBM)[56]、深度自编码(Deep Autoencoder,DA)[50]、深度卷积网络(Deep Convolutional Neural Network,DCNN)[19]。大量

事实表明,这些人工神经网络模型可以从丰富的感知输入中获取其复杂的结构,可以解决人工智能的相关任务,例如视觉目标识别[91-93]、语音识别[94,95]和语言理解[96,97]等。现有的 ANN 模型中,几乎所有的模型都有一个共同的特征:信号在两个单元之间的传输仅仅基于一个连接权值。具体说就是,一个节点的输出信号等于与其相连的那个节点的输出信号乘以连接权重,再经过一个非线性激活函数作用得到。生物学研究表明,神经元之间的信息交流主要是通过化学突触传递完成的。如图 6-1(a)[98]所示,一个神经元通过突触前膜释放一种称为神经递质的化学物质到突触间隙,然后传递到突触后膜作用于另一个神经元。当这种作用足够大时,就会对神经元产生兴奋或抑制作用[99-101]。传统的神经递质可分为两大类:小分子神经递质和神经肽。小分子神经递质是各种类型的有机小分子化学物质,其合成发生在轴突末梢内,包括氨基酸神经递质谷氨酸、生物胺多巴胺、嘌呤能神经递质 ATP 等。神经肽由三种或三种以上的氨基酸组成,比小分子神经递质大得多,其在细胞体内合成,包括内源性阿片肽、神经加压素、生长抑素等。简而言之,一个神经元通过释放大量不同的神经递质向另一个神经元发送信息,而不同的神经递质发挥着不同的作用。1935 年,Dale 提出了 Dale 氏原理[102]:一个神经元内只存在一种递质,其全部神经末梢均释放同一种递质。此思想在较长的一段时间占据统治地位。McCulloch 和 Pitts[1]于 1943 年提出了与此假设相一致的第一个人工神经元模型,其特征是用一个一维数字(权重)表示一个突触,这一表示方式一直沿用至今。之后,随着免疫组织化学和免疫细胞化学的发展,越来越多的递质共存现象被发现[103,104],目前已发现的神经递质有上百种。这些结果的发现改变了人们对传统神经信息化学传递的认识,从而产生了递质共存的概念,即一个神经元能同时含有两种或者两种以上的神经递质,两个神经元之间存在多种化学传递,这种现象称为神经递质共存。图 6-1(b)[105]展示了一个非常著名的生物实验,分别对神经元进行低频和高频刺激,发现在低频刺激下,神经元释放的神经递质都是小分子神经递质,在高频刺激下,既有小分子神经递质又有神经肽,这一实验结果充分证明了神经递质共存现象是存在的。20 世纪 70 年代以后,随着生化和免疫组织化学等新技术、新方法在神经科学中的应用,愈来愈多的事实表明神经递质的共存不是偶然和个别现象,而是一个普遍的规律性问题。共存的神经递质被一个神经元释放之后,共同传递信息到另一个神经元,它们分别作用于突触后,起相互协调和拮抗作用,从而有效地调节细胞或器官的功能[106,107]。

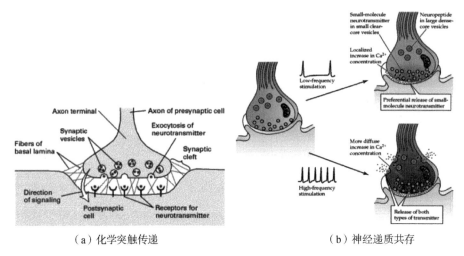

（a）化学突触传递　　　　　　　　　（b）神经递质共存

图 6-1　化学突触传递流程图及递质共存相关实验

　　受到生物神经元之间信息传递机制的启发，我们将传统神经网络的连接权重进行维数扩展，提出一种具有多维连接权重的神经网络（MNN）。传统神经网络节点间的连接权重是一个实数，MNN 网络中节点间的连接权重是一个向量，每一个维度对应一种神经递质，不同的维度对应不同的神经递质。为了模仿神经递质的协同与拮抗作用，我们启发式地定义了 MNN 节点的编码机制，使得节点间的连接权重也能够通过协同与拮抗作用进行信号传递。与传统神经网络相比，MNN 网络具有如下两个特点：

　　• 从生物学角度看，MNN 考虑了神经递质的多样性，这使得提出的 MNN更接近生物神经网络，有望更加智能。

　　• 从模型结构的角度来看，每个隐节点的激活由多个过滤器（对应于多个连接权重）共同决定。对于传统模型，只要隐节点的输入信号与一个滤波器匹配，则这个节点的激活就会较大。而对于 MNN 模型，只有隐节点的输入信号同时与所有维度的滤波器都匹配时，隐节点的激活才较大。因此与传统网络模型相比，MNN 模型的节点激活具有稀疏性，模型更具有可解释性。

　　众所周知，通过堆栈若干个玻尔兹曼机[56]、限制波尔兹曼机[6] 或自编码（Autoencoder, AE）[49,108]，给网络模型一个比较合理的初值，使得网络在训练时可以快速收敛，并且具有更好的泛化性。这种逐层堆栈训练称为预训练[50]。预训练使得模型训练中可以充分利用无标签数据，为模型提供一个比较好的初值。

为了进一步提高 MNN 网络的泛化性能,我们对 MNN 提出一种预训练算法。仿照堆栈 AE 的预训练算法[109],我们对 AE 进行维数扩展,提出具有多维连接权重的自编码,记为 MAE,通过逐层训练 MAE 来预训练 MNN。

6.2　MNN 模型介绍

6.2.1　标准 NN 模型结构

考虑一个具有 L 个隐层的标准 NN 模型,模型由一个输入层、L 个隐层和一个 Softmax 输出层构成。同层的节点之间没有连接,层与层之间的节点是全连接的,不相邻层之间的节点没有连接。节点之间的连接由一个实数权值刻画。感知数据通过输入层输入模型,逐层自底向上传播,由输出层输出得到了模型的预测。令 $l \in 1, \cdots, L$ 表示考虑一个具有 L 个隐层的标准 NN 模型,模型由一个输入层、L 个隐层和一个 Softmax 输出层构成。同层的节点之间没有连接,层与层之间的节点是全连接的,不相邻层之间的节点没有连接。节点之间的连接由一个实数权值刻画。感知数据通过输入层输入模型,逐层自底向上传播,由输出层输出得到了模型的预测。令 $l \in 1, \cdots, L$ 表示网络的第 l 个隐层,$l = 0$ 表示输入层,n_l 表示第 1 层的隐节点个数。x_k^l 与 y_k^l 分别表示第 1 层第 k 个节点的输入与输出。网络的模型结构以及单个节点的编码流程在图 6-2 中给出。以第 l 层第 k 个节点的编码流程为例展示整个网络的编码流程,如图 6-2(b)。该节点

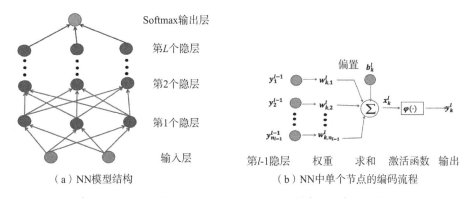

（a）NN模型结构　　　　　（b）NN中单个节点的编码流程

图 6-2　具有 L 个隐层的标准 NN 模型结构以及模型中第 l 层第 k 个节点的编码流程

的输入 x_k^l 与输出 y_k^l 的计算公式分别为

$$x_k^l = \sum_j y_j^{l-1} \omega_{k,j}^l + b_k^l, \tag{6-1}$$

$$y_k^l = \phi(x_k^l), \tag{6-2}$$

其中 $\omega_{k,j}^l$ 是第 $l-1$ 层第 j 个节点与 l 层第 k 个节点的连接权重。b_k^l 是第 l 层第 k 个节点的偏置,起到阈值的作用 $\varphi(x)$ 是非线性激活函数,本章中使用的是 Sigmoid 激活函数,即 $\varphi(x) = 1/(1 + \exp(-x))$。本章中,标准 NN 输出层使用的是比较流行的 Softmax 输出,该层第 k 个节点的输入 x_k^{L+1} 与输出 y_k^{L+1} 公式为

$$x_k^{L+1} = \sum_j y_j^L \omega_{k,j}^{L+1} + b_k^{L+1}, \tag{6-3}$$

$$y_k^{L+1} = \frac{e^{x_k^{L+1}}}{\sum_m e^{x_m^{L+1}}}。 \tag{6-4}$$

对 NN 模型进行训练就是找到一组权重和偏置参数,使得对每一个给定的感知输入,NN 模型都可以进行准确预测。常用的训练方法为误差后向传播算法 (BP)[4]。

6.2.2　MNN 模型结构

人工神经网络通过模拟生物神经网络,可以很好地提取到观测数据的高层特征。人工神经网络中的一个节点对应于一个生物神经元,节点间的连接权重模拟的是生物神经元间的神经突触。生物研究发现,神经元主要通过释放多种神经递质到神经突触,然后通过神经递质间的协同与拮抗作用于另一个生物神经元进行信息传递。现存的几乎所有已提出的人工神经网络模型中节点间的连接权重都是一维的,没有考虑到神经递质的多样性。我们将生物神经元中神经递质的多样性思想引入人工神经网络模型,对模型中节点间的连接权重进行维数扩展,提出 MNN 模型。在 MNN 模型中,每一个权重的维度对应一种神经递质,不同的维度对应不同的神经递质。在 MNN 模型中,我们直接对隐层的连接权重进行维数扩展来模拟神经递质的多样性,输出层仍然用 Softmax 输出,其连接权重的维度仍然是一维的。给定扩展方式之后,需要定义每个节点的编码机制来模拟神经递质间的协同与拮抗作用。对此,我们从 Sigmoid 激活函数出发,启发性地定义了 MNN 节点的编码机制。以权重维数扩展成二维的 MNN 模型 (MNN-H2) 为例来介绍 MNN 模型的结构和编码机制,当然,维数可以以同样的方式扩展成三维或更高维度。我们在图 6-3(a) 和图 6-3(b) 中分别展示了 MNN-

H2 模型结构和单个节点的编码流程。MNN－H2 中第 l 层第 k 个节点的输入与输出的计算公式定义如下：

$$x_k^l = \exp(-z_{k,1}^l) + \exp(-z_{k,2}^l), \tag{6-5}$$

$$y_k^l = \varphi(x_k^l), \tag{6-6}$$

其中 $z_{k,h}^l = \sum_j \omega_{k,j,h}^l y_j^{l-1} + b_{k,h}^l$，$h = 1,2$。$\omega_{k,j,1}^l$ 和 $\omega_{k,j,1}^2$ 表示 $l-1$ 层第 j 个节点与 l 层第 k 个节点的连接权重中的第 1 个分量和第 2 个分量，分别对应 2 种不同的神经递质。$b_{k,1}^l$ 与 $b_{k,2}^l$ 为偏置，分别对应第 1 个和第 2 个分量。该节点的输入 x_k^l 经过一个非线性函数 $\varphi(\cdot)$ 作用后得到节点的输出 y_k^l，在本章中所用的非线性函数是 $\varphi(x) = 1/(1+x)$。MNN 节点的编码流程是我们从标准 NN 节点的编码流程启发式地推广而来的，其他的编码流程有待进一步的研究。MNN 输出与标准 NN 的输出一样，都是由公式(6-3)和公式(6-4)计算得来的。

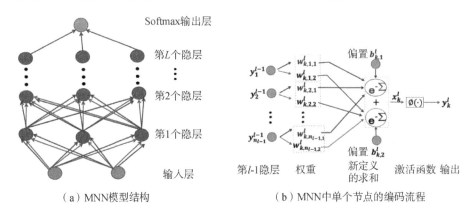

　（a）MNN模型结构　　　　　　　　（b）MNN中单个节点的编码流程

图 6-3　具有 2 个维度的 MNN 模型结构(MNN-H2)以及模型中第 l 层第 k 个节点的编码流程

　　Hornik[110]等人已证明如果一个前馈神经网络具有线性输出，任意地激活函数和一个隐层，则当隐节点个数足够多时，该网络可以以任意高的精度逼近任意一个在 R^m 紧子集上的连续函数。该结论称为一致逼近定理。类似地，我们也可以证明 MNN 网络满足一致逼近定理。定理的具体内容及详细证明如下：

　　定理 6.1(一致逼近定理)　令 $\psi(z_1,\cdots,z_H) = 1/(1+\sum_{h=1}^H e^{-zh})$，$zh \in \mathrm{R}, h = 1,\cdots,H,H$ 为正整数。设 $x = (x_1,\cdots,x_m)^T \subseteq \mathrm{R}^m$ 是一个紧集，$C(x)$ 是这个紧集上的连续函数集合，则对任意的连续函数 $f \in C(x)$，任意小的数 $\varepsilon > 0$，以及任意正整数 $H \geqslant 2$，存在整数 n，常数 $a_{i,j,1}, a_{i,j,2}, \cdots, a_{i,j,h}, b_{j,1}, b_{j,2}, \cdots, b_{j,H}, \omega_i \in$

R,使得我们可以定义:

$$(\tilde{A}_n f)(x_1, \cdots, x_m) = \sum_{i=1}^{n} \omega_i \varphi \left(\sum_{j=1}^{m} a_{i,j,1} x_j + b_{j,1} \right) \quad (6\text{-}7)$$

为 f 的目标拟合函数。在这里,f 与函数 ψ 无关,即对任意的 $x \in C(x)$ 有

$$|f - A_n f| < \varepsilon。 \quad (6\text{-}8)$$

证明:我们首先证明 $H = 2$ 时结论成立。

由标准 NN 网络的一致逼近定理得,对任意 $f \in C(x)$,以及任意 $\varepsilon > 0$,存在正整数 n 以及实数 $a_{i,j,1}, b_{j,1}, \omega_i$,使得我们可以定义:

$$(\tilde{A}_n f)(x_1, \cdots, x_m) = \sum_{i=1}^{n} \omega_i \varphi \left(\sum_{j=1}^{m} a_{i,j,1} x_j + b_{j,1} \right) \quad (6\text{-}9)$$

为 f 的目标拟合函数。即

$$|f - \tilde{A}_n f| < \varepsilon/2, \quad (6\text{-}10)$$

其中 φ 是 Sigmoid 激活函数。

接下来我们证明对上述 ε, n 以及 $\tilde{A}_n f$,存在实数 $a_{i,j,2}, b_{j,2}$,使得我们可以定义:

$$(A_n f)(x_1, \cdots, x_m) = \sum_{i=1}^{n} \omega_i \psi \left(\sum_{j=1}^{m} a_{i,j,1} x_1 + b_{j,1}, \sum_{j=1}^{m} a_{i,j,2} x_j + b_{j,2} \right),$$

$$\quad (6\text{-}11)$$

满足

$$|A_n f - \tilde{A}_n f| < \varepsilon/2。 \quad (6\text{-}12)$$

我们可以很容易地推导出如下的不等式系列:

$$|A_n f - \tilde{A}_n f| = \left| \sum_{i=1}^{n} \omega_i \frac{e^{-(\sum_{j=1}^{m} a_{i,j,2} x_j + b_{i,2})}}{M_i (M_i + e^{-(\sum_{j=1}^{m} a_{i,j,2} x_j + b_{i,2})})} \right|$$

$$\leqslant \sum_{i=1}^{n} |\omega_i| \frac{e^{-(\sum_{j=1}^{m} a_{i,j,2} x_j + b_{i,2})}}{M_i (M_i + e^{-(\sum_{j=1}^{m} a_{i,j,2} x_j + b_{i,2})})}$$

$$\leqslant \frac{A}{B} \frac{e^{-(\sum_{j=1}^{m} a_{i,j,2} x_j + b_{i,2})}}{B + e^{-(\sum_{j=1}^{m} a_{i,j,2} x_j + b_{i,2})}}, \quad (6\text{-}13)$$

其中 $M_i = 1 + \mathrm{e}^{-(\sum\limits_{j=1}^{m} a_{i,j,1} + b_{i,1})}$，$A = \max\{|\omega_1|, \cdots, |\omega_n|\}$，$B = \min\{M_1, \cdots, M_N\}$。

由于 $\lim\limits_{x \to +\infty} \mathrm{e}^{-x} = 0$，故对任意的整数 i，存在实数 $a_{i,j,2}, b_{j,2}$ 使得

$$\mathrm{e}^{-(\sum\limits_{j=1}^{m} a_{i,j,2} x_j + b_{i,2})} < \frac{B^2}{2nA}\varepsilon < \frac{B}{2nA}\varepsilon \left(B + \mathrm{e}^{-(\sum\limits_{j=1}^{m} a_{i,j,2} x_j + b_{i,2})}\right), \tag{6-14}$$

整理上述不等式(6-14)得

$$\frac{\mathrm{e}^{-(\sum\limits_{j=1}^{m} a_{i,j,2} x_j + b_{i,2})}}{B + \mathrm{e}^{-(\sum\limits_{j=1}^{m} a_{i,j,2} x_j + b_{i,2})}} < \frac{B}{2nA}\varepsilon。 \tag{6-15}$$

由不等式(6-13)和(6-15)得

$$|A_n f - \widetilde{A}_n f| \leqslant \frac{A}{B} \sum_{i=1}^{n} \frac{\mathrm{e}^{-(\sum\limits_{j=1}^{m} a_{i,j,2} x_j + b_{i,2})}}{B + \mathrm{e}^{-(\sum\limits_{j=1}^{m} a_{i,j,2} x_j + b_{i,2})}} \leqslant \varepsilon/2, \tag{6-16}$$

由不等式(6-10)和(6-16)证得不等式(6-8)成立，此时对 $H = 2$ 时的结论得证。

对于 $H = 3, 4, \cdots$，用同样的方法可以证得结论成立。

6.3 MNN 模型训练

我们在本节给出 MNN 模型的 BP 训练以及预训练方法。以 MNN-H2 为例来进行叙述。我们首先给出 MNN-H2 的 BP 训练，然后介绍我们提出的 MAE 模型及其训练，最后给出用 MAE 预训练 MNN-H2 的具体过程。

6.3.1 BP 训练

BP 训练标准 NN 的方法可以直接应用于训练 MNN 模型。BP 训练 MNN 的目的就是找到一组局部最优参数，使得给定一个感知数据，MNN 可以准确预测该数据的标签。设 $\{v, d\}$ 表示训练集，$v = (v_1, \cdots, v_{n_0})^T$ 是 n_0 维的感知数据，$d = (d_1, \cdots, d_{n_{L+1}})^T$ 是 n_{L+1} 维的数据标签。用交叉熵损失与对权重进行非负性约束的正则项作为目标函数：

$$E = -\sum_{J=1}^{n_{L+1}} (d_j \log(y_j^{L+1}) + (1-d_j) \log(1-y_j^{L+1})) + \frac{\lambda}{2} \sum_{l=1}^{L} \sum_{h=1}^{H} \sum_{i=1}^{n_{L-1}} \sum_{j=1}^{n_L} \mathscr{R}(\omega_{i,j,h}^l),$$

$$(6\text{-}17)$$

其中

$$\mathscr{R}(\omega_{i,j,h}^l) = \begin{cases} {\omega_{i,j,h}^l}^2, & \omega_{i,j,h}^l < 0, \\ 0, & \text{其他}. \end{cases} \qquad (6\text{-}18)$$

目标函数的第一项是交叉熵损失部分,使得模型尽可能进行准确预测。第二项是对连接权重 $\{\omega_{i,j,h}^l\}$ 进行非负性约束,这个约束技巧被广泛应用于各种模型结构,使得权重具有稀疏性,从而提高模型的可解释性[111,112]。我们在 MNN 模型中引入非负性约束,不仅使得权重具有稀疏性,而且使得隐节点激活具有稀疏性,从而使得 MNN 模型更加具有可解释性。隐节点激活的稀疏性是由节点的编码机制和连接权重的非负性导致的。我们以 MNN-H2 中第 l 层第 k 个节点为例进行说明。该节点的激活概率公式是:

$$y_k^l = \frac{1}{1 + \exp(-z_1^l) + \exp(-z_{12}^l)}, \qquad (6\text{-}19)$$

其中 $z_1^l = \sum_j \omega_{k,j,1}^l y_j^{l-1} + b_{k,1}^l$, $z_2^l = \sum_j \omega_{k,j,2}^l y_j^{l-1} + b_{k,2}^l$。权重的非负性约束,使得当且仅当该节点的输入与两个维度的权重同时匹配时,才能使得 z_1^l 与 z_2^l 同时获得较大的取值,才能保证节点的激活概率 y_k^l 取值较大。若输入信号与至少一个维度的权重不匹配时,不妨设与第一个维度的权重不匹配,则 z_1^l 的取值较小,从而 $\exp(-z_1^l)$ 的取值较大,则导致该节点的激活概率较小。即只有在输入信号同时与所有维度的权重同时匹配时,节点的激活概率才取值较大,否则取值较小。从而引入权重的非负性约束,使得 MNN 的节点激活具有稀疏性。

利用链式规则,自上而下地从输出层到输入层求目标函数关于模型参数的偏导数,然后利用梯度下降方法更新模型参数进行训练。目标函数关于模型参数的偏导数公式为:

情况 1:关于输出层 $l = L+1$。

$$\Delta w_{k,j}^{L+1} = \frac{\partial E}{\partial w_{k,j}^{L+1}} = y_k^L (y_j^{L+1} - d_j), \qquad (6\text{-}20)$$

$$\Delta b_j^{L+1} = \frac{\partial E}{\partial b_j^{L+1}} = y_j^{L+1} - d_j \circ \qquad (6\text{-}21)$$

情况 2:关于隐层 $l \leqslant L$。

$$\Delta w_{k,j,h}^l = \frac{\partial E}{\partial w_{k,j,h}^l} = -y_k^{L-1}\delta_j^l \mathrm{e}^{-\sum_k w_{k,j,h}^l y_k^{l-1} - b_{j,h}^l} + \lambda g(w_{k,j,h}^l), \quad (6\text{-}22)$$

$$\Delta b_{j,h}^l = \frac{\partial E}{\partial b_{j,h}^l} = -\delta_j^l \mathrm{e}^{-\sum_k w_{k,j,h}^l y_k^{l-1} - b_{j,h}^l}, \quad (6\text{-}23)$$

其中

$$\delta_j^l = \begin{cases} (y_j^l)^2 \sum_k w_{j,k}^{l+1}(d_k - y_k^{l+1}), & l = L, \\ (y_j^l)^2 \sum_k \delta_k^{l+1} \sum_n w_{j,k,h}^{l+1} \mathrm{e}^{-(\sum_i w_{i,k,h}^{l+1} y_i^l + b_{k,h}^{l+1})}, & l < L, \end{cases} \quad (6\text{-}24)$$

$$g(w_{k,j,h}^l) = \begin{cases} w_{k,j,h}^l, & w_{k,j,h}^l < 0, \\ 0, & \text{其他。} \end{cases} \quad (6\text{-}25)$$

计算出参数的偏导数,利用随机梯度下降逐步更新 MNN 模型参数,得到模型的局部最优解。MNN 详细的 BP 训练流程在算法 6-1 中给出。

Input:训练集 $\{v^n, d^n\}_{n=1}^N$,N 训练样本个数,L 隐层个数,H 权重维数,n_1,$n_2, \cdots, n_l$ 每层节点数,λ 惩罚参数,T 训练轮数,τ 学习率。

Output:MNN 模型参数 $\{w_{i,j,h}^l(t)\}$,$\{b_{j,h}^l(t)\}$,

　　　　$i = 1, \cdots, n_{l-1}, j = 1, \cdots, n_l, h = 1, \cdots, H, l = 1, \cdots, L.$

1　随机初始化模型参数:$\{w_{i,j,h}^l(0)\}$,$\{b_{j,h}^l(0)\}$;

2　**for** $t = 0, 1, \cdots, T$ **do**

3　　**for** $n = 1, 2, \cdots, N$ **do**

4　　　　获取训练样本 $(v^n), (d^n)$;

5　　　　向前传播:利用公式(6-3)~(6-6),自底向上地计算各层输出;

6　　　　向后传播:利用公式(6-20)~(6-25),自顶向下计算各层参数的
　　　　　　偏导数;

7　　　　参数更新:
　　　　　　$w_{i,j,h}^l(t) = w_{i,j,h}^l(t-1) - \tau \Delta w_{i,j,h}^l(t-1),$
　　　　　　$b_{j,h}^l(t) = b_{j,h}^l(t-1) - \tau \Delta b_{j,h}^l(t-1)。$

8　　**end**

9　**end**

算法 6-1　MNN 的 BP 训练过程

6.3.2 无监督预训练

无监督预训练是一种有效利用无标签数据的有效方法。大量事实已经证明,与随机初始化网络模型参数相比,通过预训练给网络模型比较合理的初值参数,接着根据具体问题用 BP 微调网络可以显著提高网络性能。通过贪婪逐层训练 AE[109] 来预训练网络模型是一种被广泛应用的有效方法。我们仿照此方法,首先对 AE 连接权重进行维数扩展,提出具有多维连接权重的 AE(MAE),然后通过逐层训练 MAE 来预训练 MNN,为 MNN 提供一个比较合理的初始,期望可以提高 MNN 的性能。

MAE 模型结构及其训练:AE 模型由输入层、一个隐层和重构层构成,其模型结构在图 6-4(a)中展示。在本章对于 AE 的隐层和重构层都使用 Sigmiod 激活。类似于 MNN,我们对 AE 的输入层和输出层的连接权重都进行维数扩展,隐层与输出层节点的编码流程通过公式(6-5)和公式(6-6)计算(我们以二维的情况为例进行说明)。训练 MAE 的目标函数为

$$E = -\sum_{i=1}^{n_2}(v_i\log(y_i^2)+(1-v_j)\log(1-y_i^2)) + \frac{\lambda}{2}\sum_{l=1}^{2}\sum_{n=1}^{H}\sum_{i=1}^{n_{l-1}}\sum_{j=1}^{n_l}\mathcal{R}(\omega_{i,j,h}^l)。$$

$$(6\text{-}26)$$

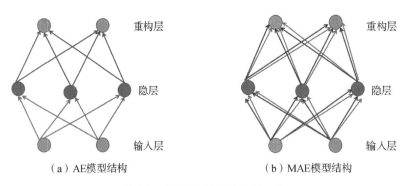

（a）AE模型结构   （b）MAE模型结构

图 6-4 AE 与 MAE 的模型结构

其中 $v=(v_1,v_2,\cdots,v_{n_0})^T$ 是训练数据,$y=(y_1,y_2,\cdots,y_{n_0})^T$ 是 MAE 的重构值。该目标函数的第一项也是交叉熵损失,使得 MAE 尽可能准确地重构输入数据。第二项仍然是对连接权重进行非负性约束,同样使得连接权重与节点激活都具有稀疏性。类似于 MNN 的训练,我们仍然用 BP 方法训练 MAE,即首先利用公式(6-5)和公式(6-6)自底向上计算各层的输出,然后自顶向下计算目标函数

关于各层参数的偏导数,最后利用随机梯度下降法更新参数。目标函数关于参数的偏导数为:

$$\Delta w_{k,j,h}^l = \frac{\partial E}{\partial w_{k,j,h}^l} = -y_k^{L-1}\delta_j^l \mathrm{e}^{-(\sum_k w_{k,j,h}^l y_k^{l-1} b_{j,h}^l)} + \lambda g(w_{k,j,h}^l),\qquad (6\text{-}27)$$

$$\Delta b_{j,h}^l = \frac{\partial E}{\partial b_{j,h}^l} = -\delta_j^l \mathrm{e}^{-(\sum_k w_{k,j,h}^l y_k^{l-1} + b_{j,h}^l)},\qquad (6\text{-}28)$$

其中

$$\delta_j^l = \begin{cases} -(y_j^l)(y_j^l - v_j)/(1-y_j^l), & l=2 \\ (y_j^l)^2 \sum_k \delta_k^{l+1}\big[\sum_n w_{j,k,h}^{l+1}\mathrm{e}^{-(\sum_i w_{i,k,h}^{l+1} y_i^l + b_{k,h}^{l+1})}\big], & l=1 \end{cases} \qquad (6\text{-}29)$$

BP 训练 MAE 的详细流程在算法 6-2 中展示。

Input：训练集 $\{v^n, d^n\}_{n=1}^N$，N 训练样本个数，H 权重维数，n_1 隐层节点数，λ 惩罚参数，T 训练轮数，τ 学习率。

Output：MNN 模型参数 $\{w_{i,j,h}^l(t)\}, \{b_{j,h}^l(t)\}$,

　　　　$i=1,\cdots,n_0, j=1,\cdots,n_l, h=1,\cdots,H, l=1,2$。

1　随机初始化模型参数：$\{w_{i,j,h}^l(0)\}, \{b_{j,h}^l(0)\}$；

2　**for** $t=0,1,\cdots,T$ **do**

3　　**for** $n=1,2,\cdots,N$ **do**

4　　　　获取训练样本 $(v^n),(d^n)$；

5　　　　向前传播:利用公式(6-5)~(6-6),自底向上地计算各层输出；

6　　　　向后传播:利用公式(6-27)~(6-29),自顶向下计算各层参数的偏导数；

7　　　　参数更新：

　　　　　　$w_{i,j,h}^l(t)=w_{i,j,h}^l(t-1)-\tau\Delta w_{i,j,h}^l(t-1)$,

　　　　　　$b_{j,h}^l(t)=b_{j,h}^l(t-1)-\tau\Delta b_{j,h}^l(t-1)$。

8　　**end**

9　**end**

算法 6-2　MAE 的 BP 训练流程

MAE 预训练 MNN：仿照 AE 预训练 NN 模型，我们用同样的方法通过 MAE 预训练 MNN。以具有 2 个隐层的 MNN-H2 的预训练为例进行展示。我们需要用权重维数扩展成二维的 MAE（MAE-H2）来预训练 MNN-H2。具体的预训练过程在图 6-5 中详细给出。图 6-5(a)表示待训练的 MNN-H2 模型，W^1，b^1，W^2，b^2，W^3，b^3 为需要训练的模型参数；图 6-5(b)为预训练第 1 层的参数 W^1，b^1：在输入层和第 1 个隐层上加入重构层构成一个 MAE-H2，BP 训练 MAE-H2，将训练好的 MAE-H2 模型的第 1 层的参数赋值给 MNN 第 1 层的参数；图 6-5(c)为预训练第 2 层的参数 W^2，b^2：固定 MNN-H2 第 1 层参数，计算训练数据在第 1 个隐层的激活概率作为训练第 2 个隐层参数的训练数据，在 MNN-H2 第 1 个和第 2 个隐层上引入重构层构成 MAE-H2，用 BP 训练 MAE-H2，再将 MAE-H2 第 1 个隐层的参数赋值给 MNN-H2 第 2 个隐层的参数；图 6-5(d)表示随机初始化输出层的参数 W^3，b^3。我们通过逐层训练 MAE 给 MNN 比较合适的初值，希望此方法可以提高 MNN 的性能。

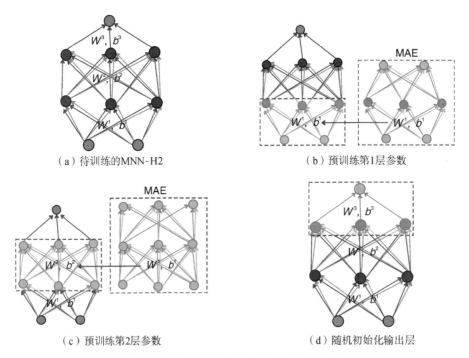

图 6-5　MAE-H2 预训练 MNN-H2 的流程

6.4　实　验

在本节中,我们在 MNIST 数据、NORB 数据和其他几个小规模数据集上进行实验,分别展示了 MAE 的重构性能和 MNN 的分类性能以及其隐节点激活的稀疏性。另外,我们初步尝试将维数扩展技术应用到卷积神经网络,展示维数扩展后卷积网络的分类性能。对比方法包括 NN、DBN、DBM、AE＋NN(用 AE 预训练 NN)。

实验设计:将 MNIST 训练集划分为训练集和验证集,分别包含 55 000 个训练样本和 5000 个验证样本。将 NORB 训练集划分为训练集和验证集,分别包含 20 000 个训练样本和 4300 个验证样本,这两个数据集的测试集不变。将每个小规模数据集随机划分成 4 份,其中 2 份作为训练集,一份作为验证集,最后一份作为测试集。在 MNIST 和 NORB 数据集上,超参数 λ 的选择范围是 $\{1 \times 10^{-3}, 1 \times 10^{-4}, \cdots, 1 \times 10^{-12}\}$。在小规模数据集上,超参数 λ 的选择范围是 $\{5 \times 10^{-1}, 1 \times 10^{-1}, 5 \times 10^{-2}, \cdots, 1 \times 10^{-6}\}$。学习率 τ 的选择范围是 $(0.1, 0.01, 0.001)$。超参数 λ 和学习率 τ 都是基于验证集上的性能进行选择的。为了进行公平的比较,在训练 NN 和 AE 模型时,我们也引入了权重的非负性约束。

6.4.1　MAE 性能比较

在本小节我们比较了 AE 与 MAE 的重构性能。在 MNIST 和 NORB 数据集上展示了各种 AE 和 MAE 模型的重构结果,分别展示了二维、三维和四维 MAE 模型的重构结果,隐节点的个数也设置了 3 种不同的情况。实验展示了每个模型 3 次实验的平均重构误差,平均模型训练时间以及每次选择的最优的 λ,结果在表 6-1 和表 6-2 中给出。实验结果显示:在这两个数据集上,所有 MAE 模型的重构误差都明显低于所有 AE 模型的重构误差。表明对 AE 的连接权重进行维数扩展可以提高网络模型的性能。我们尝试了不同的隐节点数以及不同的权重维数,其中很多 MAE 模型的参数个数虽然少于 AE 模型的参数个数,但是其重构误差仍然小于 AE 模型的重构误差。例如表 6-1 中,AE-1000 模型的参数明显多于 MAE-H2-250 的,但是其重构误差却低于 MAE-H2-250 的重构误差。这表明并不是因为 MAE 的模型参数更多使得 MAE 的性能更好,而是因为我们引入了多个滤波器,通过多个滤波器的协同与拮抗作用来进行信息传递的原因。

表 6-1　MNIST 数据集上不同 AE 和 MAE 模型 3 次实验的平均重构误差和平均模型训练时间

模型	重构误差/%	训练时间/秒
AE-500	0.1620	179
AE-1000	0.5301	246
AE-2000	1.2664	371
MAE-H2-250	0.0974	175
MAE-H3-250	0.0958	205
MAE-H4-250	0.0891	236
MAE-H2-500	0.0438	241
MAE-H3-500	0.0419	279
MAE-H4-500	**0.0417**	327

注:最小的重构误差加粗显示。

表 6-2　NORB 数据集上不同 AE 和 MAE 模型 3 次实验的平均重构误差和平均模型训练时间

模型	重构误差/%	训练时间/秒
AE-1000	1.1713	1070
AE-2000	2.8199	1234
AE-4000	3.5686	1477
MAE-H2-500	0.5508	1697
MAE-H3-500	0.4267	1713
MAE-H4-500	**0.4198**	1764
MAE-H2-1000	0.6784	1222
MAE-H3-1000	0.4717	1236
MAE-H4-1000	0.5603	1296
MAE-H2-2000	0.6853	1379
MAE-H3-2000	0.5857	1518
MAE-H4-2000	0.5024	1656

注:最小的重构误差加粗显示。

表 6-3 展示了小规模数据集上 AE 与 MAE 进行 30 次实验的平均和最小的重构误差(±标准差)。在该实验中,每次实验时,AE 和 MAE 中隐节点的个数

从序列{5,10,20,50,80,100,200,300,500}中基于验证集进行选择,MAE 的尾数从序列{2,3,4,5,6}中基于验证集上的性能进行选择。从实验结果可以看出,在所有这些小规模数据集上,MAE 的重构性能都是最优的。

表 6-3　小规模数据集上 AE 和 MAE 进行 30 次实验的平均重构误差
以及最小重构误差(±标准差)

单位:%

数据集	重构误差	AE	MAE
IRIS	平均	$9.8 \times 10^{-2} \pm 1.5 \times 10^{-2}$	$\mathbf{6.2 \times 10^{-3} \pm 5.1 \times 10^{-6}}$
	最小	8.1×10^{-3}	$\mathbf{3.9 \times 10^{-4}}$
WINE	平均	$8.1 \times 10^{-2} \pm 4.5 \times 10^{-2}$	$\mathbf{4.5 \times 10^{-2} \pm 2.1 \times 10^{-2}}$
	最小	2.3×10^{-3}	$\mathbf{1.6 \times 10^{-3}}$
SEGMENT	平均	$3.5 \times 10^{-1} \pm 4.2 \times 10^{-2}$	$\mathbf{1.4 \times 10^{-1} \pm 9.7 \times 10^{-1}}$
	最小	2.2×10^{-2}	$\mathbf{9.6 \times 10^{-3}}$
COIL20	平均	8.2 ± 1.3	$\mathbf{7.7 \pm 1.4}$
	最小	5.3	$\mathbf{5.2}$
USPST	平均	1.9 ± 0.7	$\mathbf{1.4 \pm 0.4}$
	最小	0.847	$\mathbf{0.842}$
G50C	平均	$8.1 \times 10^{-2} \pm 1.7 \times 10^{-3}$	$\mathbf{5.6 \times 10^{-2} \pm 4.4 \times 10^{-4}}$
	最小	3.3×10^{-2}	$\mathbf{3.1 \times 10^{-2}}$
GLASS	平均	$1.3 \times 10^{-1} \pm 9.6 \times 10^{-2}$	$\mathbf{8.6 \times 10^{-2} \pm 8.1 \times 10^{-3}}$
	最小	3.7×10^{-3}	$\mathbf{2.1 \times 10^{-3}}$

注:最优结果加粗显示。

图 6-6 展示 MAE 模型对超参数 λ 的敏感性,显示了不同的 MAE 模型在不

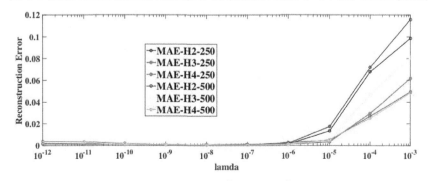

图 6-6　MAE 对超参数 λ 的敏感性

同的 λ 取值上的重构误差。结果表明,在 MNIST 数据集上,λ 取值在 $\{1 \times 10^{-10},$ $\cdots, 1 \times 10^{-7}\}$ 时,MAE 的重构误差通常较小。

6.4.2 MNN 性能比较

在本小节,我们首先在 MNIST 数据集上进行实验,验证 MNN 节点激活具有稀疏性这一性质。然后在 MNSIT、NORB 和小规模数据集上展示 MNN 的分类性能。

隐节点激活的稀疏性:我们已经分析和推测了 MNN 隐节点激活具有稀疏性,在这里我们通过 MNIST 数据集上的实验进一步进行验证。在这个实验中所有模型都包含 1 个隐层,隐节点个数为 200。图 6-7 展示了 NN、MNN-H2、MNN-H3、MNN-H4、MNN-H5 网络的隐节点在 MNIST 测试集上的平均激活概率。实验结果显示,所有 MNN 模型中每个隐节点的激活概率几乎都小于 NN 模型中对应隐节点的激活概率。我们还可以从实验结果看出,MNN 随着权重维数的增大,隐节点的激活概率越来越小。图 6-8 对 NN 和 MNN-H3 的权重进行可视化,图 6-9 展示了 NN 与 MNN-H3 第 56 个隐节点的权重可视化,并显示了这个隐节点在 MNSIT 测试集上不同类别数据的平均激活概率。结果表明,

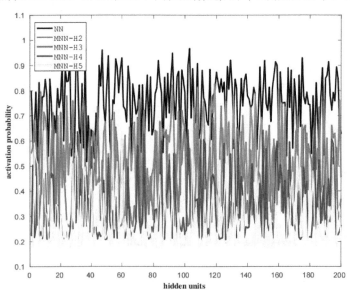

图 6-7 NN、MNN-H2、MNN-H3、MNN-H4、MNN-H5 的隐节点
在 MNIST 测试集上的平均激活概率

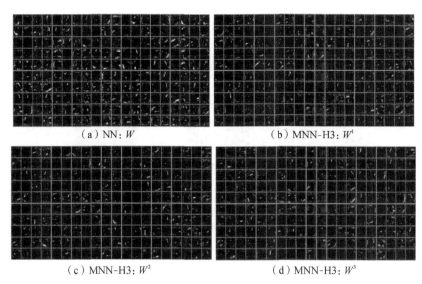

（a）NN：W　　　　　　　　　（b）MNN-H3：W^1

（c）MNN-H3：W^2　　　　　　　（d）MNN-H3：W^3

（a）NN 权重 W；（b）MNN-H3 第 1 个维度上的权重 W^1；

（c）MNN-H3 第 2 个维度上的权重 W^2；（d）MNN-H3 第 3 个维度上的权重 W^3。

图 6-8　NN 与 MNN-H3 权重可视化

MNN-H3 的所有维度上的权重与 NN 权重类似，可以提取出图像的边缘特征，但是同一个隐节点的不同维度的权重提取的边缘特征是不同的，体现了不同维度上权重的差异性。图 6-9(e)显示 MNN 第 56 个隐节点在几乎所有类别上的激活概率都低于 NN 的第 56 个隐节点的激活概率，进一步证明了 MNN 的隐节点的激活具有稀疏性。根据图 6-7 到图 6-9 的实验结果，我们可以得出如下推断：

　　•与标准 NN 相比，MNN 隐节点的激活具有稀疏性，从而 MNN 模型更加具有可解释性；

　　•随着维度的增大，MNN 隐节点的激活更加稀疏；

　　•MNN 隐节点的不同维度上的权重提取数据的不同特征，通过所有维度上权重共同决定隐节点的激活，使得节点的激活具有稀疏性。

　　分类性能比较：在本部分，我们通过展示 MNN 在不同数据集上的分类结果来量化地展示 MNN 的性能。实验首先展示不同的 NN 与 MNN 模型在 MNIST 与 NORB 数据集上的分类性能。该实验中所用到的网络模型隐层使用了 1 层和 2 层的情况。MNN 的维数展示了二维到六维的实验结果。实验中 NN-500 表示 NN 模型具有 1 个隐层且隐节点数是 500，NN-500-500 表示 NN 模型具有 2 个隐层且隐节点数是 500，MNN-H2-500 表示 MNN 模型具有 1 个有 500 个节点的隐

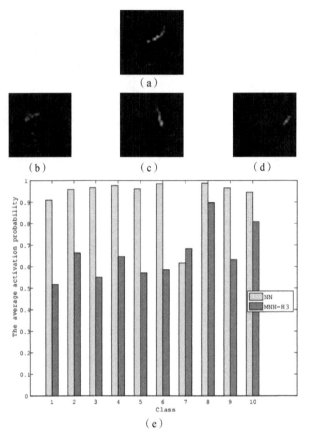

(a)NN 第 56 个隐节点的权重；(b)MNN-H3 第 56 个隐节点的第 1 个维度上的权重；
(c)MNN-H3 第 56 个隐节点的第 2 个维度上的权重；
(d)MNN-H3 第 56 个隐节点的第 3 个维度上的权重；(e)NN 与 MNN-H3 的
第 56 隐节点在 MNSIT 测试集上不同类别的平均激活概率。
图 6-9　MNSIT 模型的连接权重及隐节点激活可视化

层且权重维数是 2，MNN-H2-1000-1000 表示 MNN 模型具有 2 个有 1000 个节
点的隐层且权重维数是 2。表 6-4 和表 6-5 展示了不同的 NN 与 MNN 模型分别
在 MNIST 和 NORB 数据集上的 3 次实验的平均测试分类误差以及模型训练时
间。每个数据集上的最优分类结果都是 MNN 产生的：MNIST 数据集上 MNN-
H5-500 的分类误差达到最小，是 1.51%，NN 模型中 NN-1000-1000 达到最小分
类误差是 1.70%；NORB 数据集上 MNN-H6-1000-1000 的分类误差最小，是
10.35%，NN 模型中 NN-4000-4000 达到最小误差 10.87%。结果表明 MNN 的
分类性能优于标准 NN 的分类性能。从表 6-4 和表 6-5 还可以看出很多 MNN

模型参数少于 NN 模型参数,但是其分类结果仍然优于 NN 模型的分类结果,例如表 6-4 中 NN-1000-1000 的分类结果是 1.70%,而 MNN-H2-250 分类结果是 1.62%。这表明并不是因为 MNN 的模型参数多于 NN 的模型参数,而是因为 MNN 模型中多维权重的引入才使得 MNN 的性能优于 NN 的性能。模型训练的实验结果表明,随着 MNN 权重维数的增大,模型训练所用的时间越多,这是因为随着维数的增大,更多的模型参数被引入。

表 6-4　MNIST 数据集上不同 NN 和 MNN 模型 3 次实验的平均分类误差和平均模型训练时间

模型	分类误差/%	训练时间/秒
NN-500	1.86	268
NN-1000	1.80	337
NN-500-500	1.73	334
NN-1000-1000	1.70	497
MNN-H2-250	1.62	297
MNN-H3-250	1.63	350
MNN-H4-250	1.60	402
MNN-H5-250	1.59	458
MNN-H6-250	1.58	504
MNN-H2-500-500	1.68	501
MNN-H3-500-500	1.62	637
MNN-H4-500-500	1.61	777
MNN-H5-500-500	**1.51**	916
MNN-H6-500-500	1.54	1049

注:最小的分类误差加粗显示。

表 6-5　NORB 数据集上不同 NN 和 MNN 模型 3 次实验的平均分类误差和平均模型训练时间

模型	分类误差/%	训练时间/秒
NN-1000	12.40	1758
NN-2000	12.33	1897
NN-4000	13.10	2138
NN-1000-1000	11.12	1841
NN-2000-2000	11.06	2140
NN-4000-4000	10.87	2943

续表

模型	分类误差/%	训练时间/秒
MNN-H2-1000	11.83	1908
MNN-H3-1000	12.13	2028
MNN-H4-1000	11.52	2151
MNN-H5-1000	12.32	2271
MNN-H6-1000	12.26	2362
MNN-H2-1000-1000	10.99	2050
MNN-H3-1000-1000	10.53	2252
MNN-H4-1000-1000	10.67	2406
MNN-H5-1000-1000	10.85	2599
MNN-H6-1000-1000	**10.35**	2764

注:最小的分类误差加粗显示。

接下来,我们从 MNIST 和 NORB 数据展示引入预训练后 MNN 的分类性能。在该实验中,我们选择在表 6-4 和表 6-5 中分类最优的 NN 与 MNN 模型进行预训练,在 MNIST 数据中选择 NN-1000-1000 和 MNN-H5-500-500,NORB 数据集中选择 NN-4000-4000 和 MNN-H6-1000-1000 进行实验。对 NN 模型,我们分别用 AE(AE+NN)、RBM(DBN)和 BM(DBM)进行预训练,然后 BP 微调,展示分类结果。对于 MNN 模型,我们用 MAE(MAE+MNN)进行预训练,然后 BP 微调,展示分类结果。表 6-6 和表 6-7 展示了一次实验的分类结果,可以看出 MAE+MNN 在这两个数据集上取得最小的分类误差。从实验结果还可以看出用 MAE 预训练 MNN 可以提高 MNN 的性能,表明我们提出预训练方法是有效的。

表 6-6　MNIST 数据集上引入预训练后 NN 和 MNN 模型 1 次实验的分类误差和模型训练时间

模型	分类误差/%	训练时间/秒
AE+NN-1000-1000	1.68	527
DBN-1000-1000	1.57	494
DBM-1000-1000	1.52	861
MAE+MNN-H5-500-500	**1.46**	1331

注:最小的分类误差加粗显示。

表 6-7　NORB 数据集上引入预训练后 NN 和 MNN 模型 1 次实验的分类误差和模型训练时间

模型	分类误差/%	训练时间/秒
AE＋NN-4000-4000	9.97	4900
DBN-4000-4000	9.56	4780
DBM-4000-4000	9.38	6900
MAE＋MNN-H6-1000-1000	**9.13**	4680

注:最小的分类误差加粗显示。

图 6-10 展示了不同的 MNN 模型对超参数 λ 的敏感性。我们展示了 MNIST 数据集上 MNN-H2-500-500、MNN-H3-500-500、MNN-H4-500-500、MNN-H5-500-500、MNN-H6-500-500 在 λ 分别取 1×10^{-12}，1×10^{-11}，…，1×10^{-3} 时的测试分类误差。结果表明 MNN 在 λ 较小时,分类误差比较小。

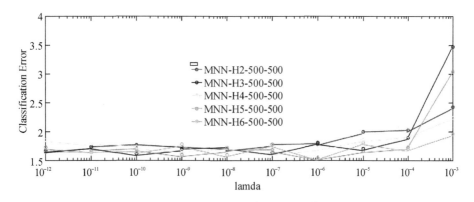

图 6-10　MNN 对超参数 λ 的敏感性

在其他小规模数据集上,我们也展示了 MNN 在随机初始化参数和预训练后的分类误差。在该实验中,所有网络模型的隐节点层数设置为 2,每层的隐节点数通过验证集上的分类性能进行选择,选择范围是{5,10,20,50,80,100,200,300,500}。对于 MNN,其权重维数也是基于验证集的分类性能进行选择,选择范围是{2,3,4,5,6}。表 6-8 展示了 30 次实验的平均和最小分类误差(±标准差)。结果表明,在大部分数据集上 MAE＋MNN 都取得最优的分类结果;只有在 WINE 和 G50C 上,DBN 取得最优结果。不过在这两个数据集上,MAE＋MNN 的分类结果次优,只略低于 DBN。

表 6-8   小规模数据集上 AE 和 MAE 进行 30 次实验的平均分类误差以及

最小分类误差(±标准差)

单位:%

数据集	分类误差	NN	MNN	AE+NN	DBN	DBM	MAE+MNN
IRIS	平均	2.1±3.8	1.9±4.6	1.6±3.5	1.5±4.8	1.7±3.7	**1.3±2.2**
	最小	0	0	0	0	0	**0**
WINE	平均	1.9±2.8	1.4±3.5	1.3±2.9	**0.8±1.5**	0.9±1.8	0.7±1.9
	最小	0	0	0	**0**	0	0
SEGMENT	平均	3.2±0.6	3.0±0.4	2.8±0.5	2.5±0.4	2.3±0.4	**2.1±0.4**
	最小	1.9	1.7	1.7	1.2	1.3	**1.0**
COIL20	平均	1.4±0.5	1.1±0.3	1.2±0.8	0.5±0.2	0.7±0.3	**0.4±0.1**
	最小	0.8	0	0.5	0	0	**0**
USPST	平均	7.0±11.0	6.2±1.0	5.9±1.1	5.7±1.3	6.0±1.4	**5.4±0.8**
	最小	5.3	4.1	4.5	3.7	4.5	**3.4**
G50C	平均	4.5±2.9	3.7±2.3	3.5±2.4	**2.9±1.6**	3.1±0.9	3.3±1.0
	最小	1.5	1.5	1.3	**1.1**	1.8	1.3
GLASS	平均	5.9±10.2	5.3±9.4	5.4±9.9	4.3±8.2	3.8±9.5	**3.4±8.3**
	最小	0	0	0	0	0	**0**

注:最优结果加粗显示。

6.4.3   对卷积层进行维数拓展的性能比较

卷积神经网络(CNN)也是一种被广泛应用的经典人工神经网络模型,近年来,CNN 在图像分类、目标检测、语义分割等领域取得了一系列突破性的进展,引起了研究者们的广泛关注。为了进一步验证对权重进行维数扩展方法的有效性,我们尝试将这种技巧引入 CNN 中。仿照 MNN 的权重扩展方式,我们对 CNN 卷积核进行维数扩展,提出具有多维卷积核的 CNN 模型。对卷积核进行维数扩展后,我们启发性地定义了卷积操作,以维数扩展成二维的卷积层为例来展示卷积操作,其详细的卷积流程在图 6-11 中给出。首先输入数据分别通过第 1 个维度和第 2 个维度的卷积核进行卷积计算得到特征 F_{11} 和 F_{12};对这两个不同维度上的特征通过非线性函数 e^{-x} 作用得到特征 $\hat{F}_{11}$ 和 $\hat{F}_{12}$;最后将这两个特征按元素相加再经过一个非线性函数 $\phi(x)=1/x$ 函数作用,得到最终的卷积特

征 F。Dropout 是防止模型过拟合的一种比较常用的技巧，我们也对维数扩展的卷积层引入了这个技巧。以图 6-11 中 2 个维度的卷积层为例进行说明，在训练时，直接对进行融合前的各维度的特征 $\widehat{F}_{11}$ 和 $\widehat{F}_{12}$ 引入 Drouput 技术，即按某一概率随机去除这些特征的部分连接权重，只对剩余的权重进行训练。

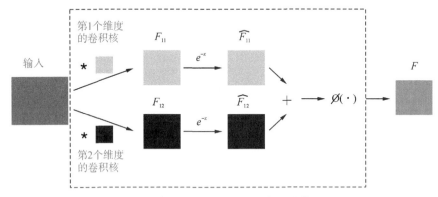

图 6-11　卷积核扩展成二维的卷积计算流程

我们使用卷积网络 LeNet5 进行实验，展示对卷积核进行维数扩展后卷积网络的性能。我们设置卷积核维数为 2，3，4，5（分别记为 LeNet-H2、LeNet-H3、LeNet-H4、LeNet-H5），超参数 λ 为 0.000 01，分别展示不同维度卷积核的 LeNet5 在有 Drouout 和无 Dropout 下 1 次实验的测试分类结果，实验在 MNIST 和 NORB 数据集上进行，模型训练的次数设为 30 000 次。在 MNIST 和 NORB 数据集上，Dropout 的权重保留概率分别设为 0.75 和 0.85。结果在表 6-9 和表 6-10 中给出，表明对卷积层的卷积核进行维数扩展可以提高卷积网络的性能。

表 6-9　MNIST 数据集上卷积核维数扩展后 LeNet5 模型的测试分类误差和模型训练所用的时间

模型	no-Dropout		Dropout	
	分类误差/%	训练时间/分	分类误差/%	训练时间/分
LeNet5	0.72	69	0.55	90
LeNet5-H2	0.71	95	0.52	114
LeNet5-H3	0.67	120	0.52	138
LeNet5-H4	0.68	143	**0.48**	160
LeNet5-H5	**0.65**	166	0.50	185

注：最小的分类误差加粗显示。

表 6-10　NORB 数据集上卷积核维数扩展后 LeNet5 模型的测试分类误差和
模型训练所用的时间

模型	no-Dropout		Dropout	
	分类误差/%	训练时间/分	分类误差/%	训练时间/分
LeNet5	7.21	186	6.65	213
LeNet5-H2	6.85	218	6.11	244
LeNet5-H3	6.36	247	**6.07**	274
LeNet5-H3	6.36	280	6.24	306
LeNet5-H5	**6.30**	314	6.29	343

注:最小的分类误差加粗显示。

6.5　小　结

主要受到生物神经元通过同时释放多种不同的神经递质,经过这些神经递质的协同与拮抗作用于另一个神经元进行信息传递的生物启发,我们在本章提出了具有多维连接权重的人工神经网络 MNN。与标准网络模型相比,MNN 网络的节点间的连接权重是多维的,每一个维度对应一种神经递质。我们启发性地定义了 MNN 节点的编码机制,通过多个维度的不同权重之间的协同与拮抗作用传递信息。从生物学角度,MNN 网络的信息传递机制更加接近于生物神经系统的信息传递机制,有望更加智能;从模型结构角度,MNN 每个节点的激活概率由所有维度的权重共同决定,节点激活更加稀疏,模型更加具有可解释性。现有模型中,几乎所有模型的节点间的连接权重都是一维的,我们提出的维数扩展技术为神经网络模型的结构改进提供了一个新的思路。

第 7 章　基于改进表格神经网络的 人口特征预测模型

　　城市的精细化管理高度依赖于高空间分辨率下的人口统计特征分布数据。在过去,研究者和政府相关工作人员都是通过人口或者经济普查等方式来获取此类数据。但是,普查数据存在着人力和物力成本高昂、时间周期长等诸多不足。因此,研究者们开始尝试利用易获取、更新快的移动互联网平台数据和机器学习算法来预测感兴趣区域内的人口统计特征空间分布。然而,现有的一些方法(例如逻辑回归、随机森林等)在应对大数据问题存在局限性,且在预测精度上仍然具有很大的提升空间。基于此问题,本文提出了一种改进表格神经网络(improved Tabular Network,iTabNet),并将其应用于不同空间分辨率下社会经济特征的预测当中,并通过实验表明,iTabNet 在多个领域表格数据集上的表现明显优于其他的表格数据模型。

7.1　引　言

　　人口统计特征的空间分布,即人口统计特征数据的空间化,是将人口的数量、性别、年龄、贫困程度等与相关影响因子关联起来,用一定的方式实现行政单元一级的人口统计数据在格网上的重分配,进而在人口数据中引入空间属性[219]。在早期的人口数据空间化研究中,研究者们主要是借助数学公式或者人口模型离散化处理大尺度空间下的人口数据,从而完成由大尺度向小尺度的变化,得到更小空间尺度上的人口空间分布数据。而这种预测方式在移动互联网时代发生了变化,机器学习结合新型数据源(例如社交平台数据、手机信令数据等)以预测不同空间分辨率下的人口统计特征分布是目前的热门研究趋势。

从本质上来说,人口统计特征预测可以看作是回归或者分类问题。具体说来,人口统计特征空间分布预测任务可以分为以下四步:

第一步,数据收集与预处理。这一阶段主要涉及数据源的收集与整合。进一步地,为了减少数据的偏差对后续建模过程的影响,研究者们还需要对源数据进行分析与处理,例如,脏数据的剔除以及缺失值的填充等。其中,关于数据来源主要涉及手机信令数据、遥感数据、POI 数据、社交媒体数据、街景图片、国家人口/经济普查以及机构公开发表的人口数据集等。

第二步,特征提取。面对收集到的大量源数据,研究人员首先需要基于预测目标对数据进行分析与挖掘,然后基于自身的先验知识或者借助于特有的算法(例如主成分分析等)进行特征工程,确定自变量,为后续的建模过程做准备。

第三步,建模预测。根据实际情况搭建机器学习模型并进行训练。这一步主要是根据每个网格中对应的人口数量、财富水平等人口统计特征(即因变量)以及自变量的取值训练模型。对于训练损失函数的选取,研究者需要根据预测任务的不同,选择合适的损失函数,并基于损失函数的变化趋势进行模型参数调优。

第四步,模型评估。在该阶段,研究者需要根据标签的真实值以及模型的预测值计算模型评价指标。根据模型评价指标的表现,判断模型是否选择恰当以及发现模型中存在的问题,进一步地对模型进行迭代优化。在回归任务中,模型评价指标通常使用决定系数 R^2,其中 $0 \leqslant R^2 \leqslant 1$,当 $R^2 \to 1$ 时,意味着模型的效果越好,反之亦然。在分类任务中,主要选择混淆矩阵、准确率(Accuracy)、精确率(Precision)、召回率(Recall)等指标进行结果验证以及模型评估。

关于预测所用的模型部分,目前在人口统计学特征预测的研究中,采用的主要方法可以大致归为 3 类:空间回归模型、机器学习模型、神经网络模型。其中神经网络模型可以通过多层次的神经元来学习和捕捉数据中的复杂关系,在人口统计特征预测中,可能存在许多非线性的关联和交互作用,神经网络能够自动发现并建模这些关系,从而提高预测准确性。进一步地,针对普查数据包含的人口统计特征单一、空间分辨率低等不足以及现有方法的局限,同时,也是为了更好地结合深度学习对于表格数据的编码和特征工程自动化的优势,本章对表格神经网络(Tabular Network,TabNet)[113]进行了改进,提出了一种更有效的表格数据深度神经网络——改进表格神经网络(improved Tabular Network,iTab-Net),并将其与北京市大众点评餐厅数据结合,从而对北京市 9 个空间分辨率下的城市人口统计特征(白天人口、夜间人口、企业数量和消费水平)的空间分布进行预测。

7.2　问题描述

表格数据,即结构化数据,通常定义为一个包含了 n 列连续特征 $\{N_1,\cdots,N_n\}$ 和 c 列分类特征 $\{C_1,\cdots,C_c\}$ 的表格。在表格数据中每一行数据代表一个样本点,每一列为表格数据的特征。表格数据的特征数量是连续特征与分类特征的数量总和,并且所有特征是服从联合分布 $\{N_{1:n};C_{1:c}\}$ 的随机变量。

定义一个深度神经网络的映射 $\hat{f}$:

$$y = f(X) = \hat{f}(X;W),\tag{7-1}$$

上式中,当 $\hat{f}$ 的输入 X 限定为 m 行 n 列的表格数据时,$\hat{f}$ 即为基于表格数据的神经网络。W 表示神经网络 $\hat{f}$ 的参数值,它可以通过对表格数据的有监督训练得到。进一步地,根据 $\hat{f}$ 和待测样本的特征取值就可以得到目标变量 y 的预测值 $\hat{y}$。本章节期望设计一个合理有效的表格数据神经网络 $\hat{f}$,其能从大量的数据中自动提取特征并实现准确的预测,从而为后续基于餐厅数据的人口统计特征空间分布预测研究提供强有力的支撑。

7.3　模型介绍

深度学习在计算机视觉和自然语言处理等领域的显著成就促使研究者们开发处理表格数据的新架构。在这种情况下,一种专门用于表格数据的新深度神经架构——TabNet[113]应运而生。该模型除了保留深度神经网络端到端的学习方式以及特征编码自动化的特点之外,还将传统机器学习模型(例如随机森林、XGBoost 等)的可解释性等优点融入了模型之中。具体说来,TabNet 是一种类似于 Boosting 集成结构的加性神经网络,采用了顺序多步的框架,其主要由 N_{steps} 个 step 模块(例如 step1,step2,$\cdots$,stepN_{steps})组成。其中,每个 step 模块由一个注意力变换模块(Attentive Transformer)、一个特征变换模块(Feature

Transformer)、一个拆分算子(Split)以及激活函数 ReLU 组成。

目前,TabNet 模型已经被证明在各种基准测试中优于传统的树模型,例如 XGBoost 和 LightGBM 等。这得益于 TabNet 将树模型(可解释性)的优点与神经网络相结合,从而获得了高性能和可解释性。虽然 TabNet 在表格数据中有很好的表现,但经过分析发现,TabNet 会出现特征冗余现象,从而导致有偏学习。具体来说,在某些场景下,同一特征很容易在不同的选择步骤中被重复提取,这除了会造成特征冗余之外,还会丢失一些相关特征。为了解决上述问题,通过在 TabNet 模型中引入全局特征模块(Global Feature)和差异损失 L_{diff},本研究提出了一种改进表格神经网络——iTabNet。其中,全局特征模块可以输出有利于预测任务的全局信息,帮助模型更好地感知对于预测目标比较重要的特征,而引入的差异损失可以更好地约束特征选择过程以缓解特征冗余现象。加入了全局特征模块的 iTabNet 的模型结构如图 7-1 所示。

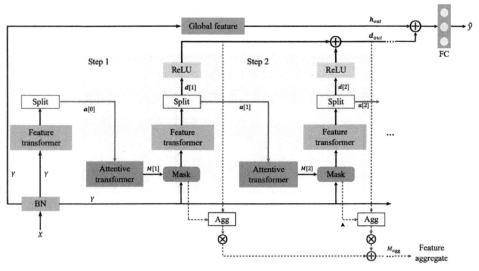

⊕表示逐元素相加;⊗表示逐元素相乘。

图 7-1 iTabNet 的网络结构示意图

假设 iTabNet 的输入为 $\boldsymbol{X} \in R^{B \times D}$,其中,$D$ 为数据的特征维度,B 是每批样本的数量,也称之为 Batchsize,而 $\boldsymbol{X}$ 的每一行则代表一条表格数据。iTabNet 首先对 $\boldsymbol{X}$ 进行批归一化(Batch Normalization,BN)[119]以获得归一化后的输入 $\boldsymbol{Y} \in R^{B \times D}$,然后将其传递到两个分支,即全局特征模块和一个紧跟着拆分算子的初始特征变换模块。全局特征模块将会输出一个可用于辅助预测的嵌入向量 $\boldsymbol{h}_{out} \in$

$R^{B \times N_d}$。而 $\boldsymbol{Y} \in R^{B \times D}$ 输入初始特征变换模块之后，将会被拆分算子分割，进而得到 $\boldsymbol{a}[0] \in R^{B \times N_a}$，其将输入后续的顺序多步特征选择模块，即 $\text{step}1, \text{step}2, \cdots$, $\text{step}N_{steps}$。在模型的末端时，N_{steps} 个 step 模块的输出集成之后得到 $\boldsymbol{d}_{out} \in R^{B \times N_d}$，它将通过全连接层（Fully Connected Layer，FC）与全局特征模块的输出 $\boldsymbol{h}_{out}$ 相结合，得到模型最终的预测结果。

在本小节中，本文将对原有的 TabNet 中主要模块——注意力变换模块和特征变换模块以及 iTabNet 中的新引入的全局特征模块和损失函数等相关细节进行介绍。

7.3.1　注意力变换模块

如上所述，原有的 TabNet 的 N_{steps} 个决策步骤中都包含了注意力变换模块，该模块每一步会学习一个掩膜（Mask）用于实现不同阶段的特征选择。第 $i(i=1, 2, \cdots, N_{steps})$ 个步骤中注意力变换模块的结构图如图 7-2 所示。从图中可以看出，该模块的输入为第 $i-1$ 步处理后的特征向量 $\boldsymbol{a}[i-1]$，该特征向量将会传递给 FC 层以及 GBN（Ghost Batch Normalization）[120] 层，最后，注意力变换模块将会输出用于特征选择的掩膜 $M[i] \in R^{B \times D}$，该掩膜将会确保模型专注于最重要的特征，从而达到特征选择的目的。此外，它也可用于模型的可解释性。

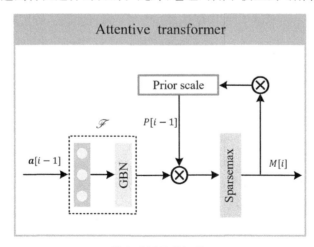

⊗表示逐元素相乘。

图 7-2　注意力变换模块结构示意图

令 $\mathscr{F}$ 表示 FC 层和 GBN 层组成的特征处理算子，第 i 步中的掩膜 $M[i]$ 的计算公式如下所示：

$$M[i] = \text{Sparsemax}(P[i-1] \otimes \mathscr{F}(a[i-1])), \tag{7-2}$$

式中，$\otimes$ 表示逐元素的乘法，Sparsemax[121] 是一个类似于 Softmax[122] 的激活函数。与 Softmax 相比，Sparsemax 可以使 $M[i]$ 变得更为稀疏化，即 $M[i]$ 的取值要么趋近于 0，要么趋近于 1，几乎没有处于中间状态的取值。特别地，根据 Sparsemax 的性质有：

$$\sum_{k=1}^{D} M[i](j,k) = 1 (j=1,2,\cdots,B) \tag{7-3}$$

式中，$M[i](j,k)$ 表示掩膜 $M[i]$ 中的第 j 行第 k 列的值。另外，式(7-2)中的 $P[i-1]$ 表示加权缩放因子，在模型训练过程中，会对它进行不断地迭代，具体的迭代公式如下所示：

$$P[i-1] = \prod_{k=1}^{i-1} (\gamma - M[k])。 \tag{7-4}$$

从上式中可以看出，第 $i-1$ 步的加权缩放因子 $P[i-1]$ 的值主要与第 $i-1$ 步之前的 $M[k](k=1,2,\cdots,i-1)$ 有关。P 的初始值为 1，即，$P[0]=1 \in \mathbb{R}^{B \times D}$。$\gamma$ 作为超参数，可以根据实际情况进行调整，不同的取值预测效果会有所差异。具体地，加权缩放因子 $P[i-1]$ 主要用来表示某一个特征在之前的步骤中的使用频率。它的取值受 γ 所影响，因此，γ 的不同取值可以调节特征的使用频率。如果令 $\gamma=1$，那么每个特征在模型中只能使用一次。当 $\gamma>1$ 时，特征在后续的步骤可能会再次以更高的权重被使用。当 $\gamma<1$ 时，特征在后续步骤的使用频次会减少。

7.3.2 特征变换模块

为了充分提取特征中的有用信息，iTabNet 使用特征变换模块（Feature Transformer）$\mathscr{G}$ 将特征编码到一个新的维度空间中。一旦获得第 i 步的掩膜 $M[i]$，就需要将 $M[i]$ 与归一化后的数据样本 $Y \in \mathbb{R}^{B \times D}$ 进行相乘，然后传递给特征变换模块 $\mathscr{G}$。图 7-3 显示了特征变换模块 $\mathscr{G}$ 的具体结构图。从图中可以看出，第 i 个步骤中的特征变换模块 $\mathscr{G}$ 总体上是一个串联结构，模块中的每层包含一个 FC 层、GBN 层和一个门控线性单元（Gated Linear Unit，GLU）[123]。$\mathscr{G}$ 中主要包含两部分——共享层（Shared Across Decision Steps）和独立层（Decision Step Dependent）。对于共享层而言，在所有的步骤中它的权重都是共享的，独立层的权重则是独立的，在每一步中都需要单独进行训练。因此，在特征变换模块中，共享层可以用来计算特征的共性部分，独立层主要用于计算每一条样本中的特性部分。进一步地,为了防止模型过拟合,该模块中添加了残差结构,并在相加连接时乘以 $\sqrt{0.5}$,以确保模型方差不会发生显著变换,保证模型在训练时的稳定性。

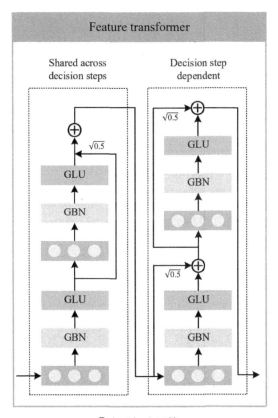

⊕表示加法运算。

图 7-3　特征变换模块结构示意图

如图 7-3 所示,第 i 个步骤中的特征变换模块的输出被拆分算子(split)分成了两部分,即

$$\{\boldsymbol{a}[i],\boldsymbol{d}[i]\}=\mathrm{split}(\mathscr{G}(M[i]\otimes Y)),\qquad(7\text{-}5)$$

式中,$\boldsymbol{a}[i]\in \mathrm{R}^{B\times N_a}$ 为嵌入特征,将输入后续的注意力变换模块,计算第 $i+1$ 步的掩膜 $M[i+1]$;$\boldsymbol{d}[i]\in \mathrm{R}^{B\times N_d}$ 将用于最后的预测输出。此外,式中⊗表示逐元素相乘;嵌入维度 N_a 和 N_d 均为可以进行调整的超参数。

7.3.3　全局特征模块

原有的表格神经网络 TabNet 通过引入顺序多步的特征选择结构,来达到模拟生成类似多棵树的效果。与 Boosting 以及 Bagging 等集成模型的结构类似，在 TabNet 模型中，它会将 N_{steps} 的输出向量进行集成，以得到顺序多步集成结构的输出 $\boldsymbol{d}_{out}$，其具体计算公式如下：

$$\boldsymbol{d}_{out} = \sum_{i=1}^{N_{steps}} \text{ReLU}(\boldsymbol{d}[i]),\qquad(7\text{-}6)$$

式中，$\boldsymbol{d}[i]$ 是第 i 步的特征变换模块计算出的局部输出，$\text{ReLU}(\cdot)$ 是整流线性单元激活函数。

从式(7-5)可以看出，TabNet 在每次进行特征选择时只考虑了局部特征，而有选择性地丢失了一部分特征，即只用到了局部的信息，没有考虑到全局的信息。因此，为了保证与标签相关的特征都能够在训练过程中发挥作用，本文借鉴了 SE-Net(Squeeze-and-Excitation Networks)[124]中的注意力机制思想，在 Tab-Net 的基础上增加了一个全局特征模块(Global Feature)。该模块通过引入注意力机制来学习每一个特征对于预测任务的重要性，从而获得数据集中的全局特征信息。全局特征模块的架构如图 7-4 所示。

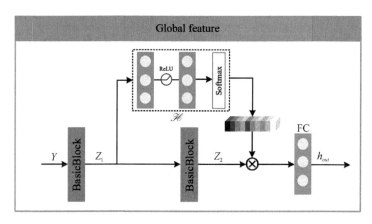

图 7-4   全局特征模块结构示意图

由图可知，全局特征模块的输入是归一化后的数据样本 $\boldsymbol{Y} \in R^{B \times D}$，然后将其传入两个 BasicBlock 模块，该模块主要由 FC 层、ReLU 和 BN 层等结构组成，其目的是对输入的特征进行编码计算以及特征空间变换。同时，BasicBlock 模块中也加入了残差结构，用于防止梯度消失和过拟合。

图 7-4 中的第一个 BasicBlock 的输出为 $Z_1 \in R^{B \times D}$，它除了输入第二个 Ba-sicBlock 得到 $Z_2 \in R^{B \times D}$ 之外，还需要输入到子模块 $\mathcal{H}$ 中得到注意力权重向量 $\mathcal{H}$ (Z_1)，注意到在全局特征模块中子模块 $\mathcal{H}$ 由两个 FC 层、一个 ReLU 函数以及

Softmax 函数组成。最后，Z_2 以及 $\mathcal{H}(Z_1)$ 逐元素相乘之后再通过 FC 层计算，即可得到全局特征模块的输出 $\boldsymbol{h}_{out}$，其具体计算公式如式(7-7)所示：

$$\boldsymbol{h}_{out}=\mathrm{FC}(\mathcal{H}(Z_1)\otimes Z_2),\tag{7-7}$$

式中，FC(·)表示全连接层，$\otimes$ 表示逐元素相乘。

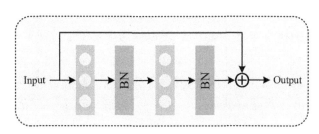

⊕表示逐元素相加。

图 7-5　BasicBlock 模块结构图

最后，通过融合局部特征 $\boldsymbol{d}_{out}$ 和全局特征 $\boldsymbol{h}_{out}$ 可以计算 iTabNet 的输出 $\hat{y}$，具体计算公式如式(7-8)所示：

$$\hat{y}=\mathrm{FC}(\boldsymbol{h}_{out}\oplus\boldsymbol{d}_{out}),\tag{7-8}$$

式中，FC(·)表示全连接层，⊕表示逐元素相加。

7.3.4　特征选择与损失函数

特征选择

由上文可知，TabNet 以及 iTabNet 的结构与多层感知机(Multi-Layer Perceptron,MLP)[125]等模型差异较大。在 MLP 网络中，其对待所有特征都一视同仁，并不会有所差别，而 TabNet 则与之不同，其可以通过每一步得到的掩膜 $M[i]$ 来体现各个特征的重要性，特征重要性的具体计算过程如下。

假设第 i 步的特征变换模块的其中一个输出为 $\boldsymbol{d}[i]\in\mathrm{R}^{B\times N_d}$，它经过 ReLU 激活函数之后会得到第 i 步的输出。当 $\boldsymbol{d}[i]$ 中的第 $b(b=1,2,\cdots,B)$ 个样本的第 $j(j=1,2,\cdots,N_d)$ 个维度的值 $\boldsymbol{d}[i](b,j)<0$ 时，其对于最终的输出是没有贡献的。因此，第 b 个样本在第 i 个步骤中对于输出的贡献 $w[i](b)$ 的具体计算公式如下：

$$w[i](b)=\sum_{j=1}^{N_d}\mathrm{ReLU}(\boldsymbol{d}[i](b,j))。\tag{7-9}$$

由上式可知，当 $w[i](b)$ 越大，当前步骤对于最终预测任务的贡献也越显著。进一步地，$w[i](b)$ 可以对第 i 步的掩膜 $M[i]$ 进行加权，$M[i]$ 中的值反映

了当前步骤中每个特征的重要性。样本 b 中的特征 j 的重要性 $M_{agg}(b,j)$ 计算公式如下:

$$M_{agg}(b,j) = \sum_{i=1}^{N_{steps}} w[i](b) \cdot M[i](b,j)(b=1,2,\cdots,B),\qquad(7\text{-}10)$$

式中,$M[i](b,j)$ 为 $M[i]$ 中第 b 行第 j 列的值。另外,本研究中提出的全局特征模块中的注意力权重向量 $\mathcal{H}(Z_1)$,也可以作为衡量每个特征重要性的指标。

损失函数

对于 iTabNet 的训练损失函数,其主要分为三个部分:预测损失 L_y、稀疏化正则损失 L_{sparse} 以及差异损失 L_{diff}。具体地,预测损失 $L_y = L(y,\hat{y})$ 用于衡量模型的真实值与预测值之间的差异。其中,预测损失 L_y 中的损失函数 $L(\cdot)$ 可以是分类任务的交叉熵函数或回归任务的均方误差(Means Square Error,MSE)等。此外,为了更好地特征选择,掩膜 $M[i]$ 应该尽可能地稀疏。因此,需要对 $M[i]$ 中要学习的参数进行正则化约束,$M[i]$ 的稀疏化公式如式(7-11)所示:

$$L_{sparse} = \sum_{i=1}^{N_{steps}} \sum_{b=1}^{B} \sum_{k=1}^{D} -M[i](j,k)\log(M[i](j,k)+\epsilon),\qquad(7\text{-}11)$$

式中,$M[i](j,k)$ 是第 i 步掩码的第 j 行和第 k 列的值,$\log(\cdot)$ 是对数,ϵ 是一个用于数值稳定性的小数,这里 ϵ 可以取类似 0.000 01 这样的小数。其作用是防止 $M[i](j,k)$ 为 0 的情况。L_{sparse} 可以被理解为一个平均的熵,其目的是希望 $M[i]$ 中的大多数元素尽可能接近 0 或 1。L_{sparse} 越小,$M[i]$ 越稀疏,反之亦然。

实际上,只有预测损失 L_y 和稀疏正则化损失 L_{sparse} 并不能保证基于掩膜 $M[i]$ 所选择的重要特征的集中性或非冗余性。受 Bousmaliset 等人[118]工作的启发,本文在掩膜 $M[i]$ 上引入差异损失 L_{diff} 用于约束 $M[i]$ 和 $M[i+1]$,以确保任意两个步骤之间学习到的掩膜尽可能地不同,L_{diff} 的具体计算公式如下:

$$L_{diff} = \sum_{i=1}^{N_{steps}-1} \sum_{j=1}^{B} \frac{M[i](j,:)M[i+1](j,:)^{\mathrm{T}}}{\|M[i](j,:)\|\|M[i+1](j,:)\|},\qquad(7\text{-}12)$$

式中,$\|\cdot\|$ 是向量的 L_2 范数,$M[i](j,:)$ 是掩码 $M[i]$ 的第 j 行,$(\cdot)^{\mathrm{T}}$ 是向量的转置。

综上所述,改进表格神经网络 iTabNet 总的损失函数 L_{total} 如式(7-13)所示:

$$L_{total} = L_{sparse} + \mu L_{sparse} + \eta L_{diff},\qquad(7\text{-}13)$$

式(7-13)中,μ 和 η 均为超参数,可以根据实际情况进行调节。

7.3.5　实验参数

网络中的超参数的合理设置对于实验效果的影响至关重要,iTabNet 模型中也存在着一些需要调节的超参数,相关超参数的具体介绍如下:

(1)N_{steps} 为顺序多步特征选择集成结构的步骤数,对于大多数数据集来说,N_{steps} 的取值范围在 3~10 之间效果是最优的。但是,如果数据集的特征较多,信息量较大时,那么可以设置相对更高的 N_{steps} 值。

(2)iTabNet 的特征变换以及注意力变换模块均使用了 GBN 层,GBN 层中涉及了 Virtual_Batchsize 和 m_B 两个超参数。具体地,在实验中,Virtual_Batchsize 通常取 $\{256,512,1024,2048,4096\}$ 是比较恰当的,而 m_B 则通常取 $\{0.6, 0.7,0.8,0.9,0.95,0.98\}$。

(3)N_d 和 N_a 是特征变换模块的输出所切分成的 $d[i]$ 和 $a[i]$ 的维度大小。通常情况下,保持 $N_d = N_a$ 对于是一个较好的选择。另外,考虑到较大的 N_d 和 N_a 可能会导致模型的泛化性较差。因此,一般来说,N_d 和 N_a 取 $\{8,16,24,32, 64,128\}$ 较为合理。

(4)超参数 γ 的选择对模型的效果也有着重要的影响。通常情况下,较大的 N_{steps} 需设置较大的 γ。

(5)如果内存限制允许,较大的批样本量(Batchsize)对于模型是有益的,当 Batchsize 为训练数据集大小的 1%~10% 可以帮助提升性能。而学习率(l_r)在模型刚开始训练时应该要设置得比较大,并随着训练过程逐渐衰减直到收敛。

7.4　实　　验

7.4.1　数据集介绍

训练深度神经模型通常需要大量数据和相应的标签。因此,为了验证改进表格神经网络——iTabNet 的有效性,本文首先基于 Kaggle 平台(https://www.kaggle.com)公开发布的 4 个表格数据集,对 iTabNet 进行了验证。4 个表格数据集分别是 Forest Cover Type、Poker Hand、Sarcos Robotics Arm Inverse Dynamics 和 House Price。下面是有关数据集的详细介绍：

（1）Forest Cover Type 数据集：该数据集需要根据从 30 米×30 米的网格中提取出的制图变量去预测 7 个森林覆盖类型，属于分类型的预测任务。数据集的研究区域涉及科罗拉多州北部某国家森林等区域。该数据集一共包含581 012 条样本、44 个类别变量和 10 个连续变量。

（2）Poker Hand 数据集：该数据集是根据扑克牌的原始花色和等级属性来分类扑克手的任务。每条数据都是一手扑克牌的示例，一手扑克牌由 5 张扑克牌组成，它们是从 52 张牌中随机采样而得。每张牌都包含两个属性（花色和等级）。该数据共包含了 10 个类别变量、800 000 条样本。

（3）Sarcos Robotics Arm Inverse Dynamics 数据集：该数据集是关于拟人机器人手臂的七个自由度的逆动力学预测任务，是一个关于回归的数据集。该数据集共包括 44 485 条样本和 27 个连续变量。

（4）House Price 数据集：该数据集主要是根据房屋面积、位置等特征来预测某个区域的房价。是一个关于回归的数据集，它总共包含 500 000 条样本、14 个分类变量和 1 个连续变量。

7.4.2   实验设置

对于实验中使用的 4 个表格数据集，本文将样本按 8∶1∶1 的比例分为训练集、验证集和测试集。另外，对于回归任务，本文采用了均方误差（Mean Square Error，MSE）和平均绝对误差（Mean Absolute Error，MAE）作为模型评价指标。而对于分类任务，则使用了准确率（Accuracy）来作为模型评价指标。关于不同的数据集中 iTabNet 以及其余表格数据模型中的超参数设置具体细节如下：

对于 Forest Cover Type 数据集，相关实验参数设置为：$N_d = N_a = 64$，Batchsize=1024，Virtual_Batchsize=512，$N_{steps} = 5$，$\gamma = 1.5$，$m_B = 0.7$，$l_r = 0.1$。对于 LightGBM[115]、XGBoost[114]、CatBoost[126]、AutoInt[116] 等对比方法的超参数与 TabNet 原文[113] 设置相同。MLP[127] 的参数设置与 ANT（Adaptive Neural Trees）[128] 一文设置相同。对于随机森林[117] 中的主要参数树的最大深度（max_depth）以及子模型的个数（n_estimator），本文采用了网格化搜索的方式。其中，max_depth∈[6,10]，n_estimator∈[100,100]。最后，选择表现最好的一组参数作为随机森林的参数。

对于 Poker Hand 数据集,相关实验参数设置为:$N_d=N_a=64$,Batchsize$=$1024,Virtual_Batchsize$=128$,$N_{steps}=4$,$\gamma=1.5$,$m_B=0.95$,$l_r=0.01$。对于决策树、Deep Neural Decision Tree[129]、MLP、LightGBM、XGBoost 以及 CatBoost 等对比方法的超参数与 TabNet 原文[113]设置相同。对于随机森林的参数选择方法与 Forest Cover Type 数据集中的方法一致。

对于 Sarcos Robotics Arm Inverse Dynamics 数据集,相关实验参数设置为:$N_d=N_a=64$,Batchsize$=512$,Virtual_Batchsize$=256$,$N_{steps}=5$,$\gamma=1.5$,$m_B=0.9$,$l_r=0.01$。对于随机森林、Stochastic Decision Tree[130]、MLP、Adaptive Neural Tree[128]以及 Gradient Boosted Tree[130]等对比方法的超参数与 TabNet 原文[113]中的设置相同。对于 LightGBM 以及 XGBoost 中的主要参数:学习率(learning_rate)、树的最大深度(max_depth)以及子模型的个数(n_estimator),本文采用了网格化搜索的方式对其进行设置。其中 learning_rate$\in\{0.01,0.05,0.1,0.5\}$,max_depth$\in\{6,10\}$,n_estimator$\in\{100,1000\}$。最后,选择表现最好的一组参数作为 LightGBM 以及 XGBoost 的参数。

对于 House Price 数据集,相关实验参数设置为:$N_d=N_a=64$,Batchsize$=512$,Virtual_Batchsize$=256$,$N_{steps}=5$,$\gamma=1.3$,$m_B=0.8$,$l_r=0.01$。对于对比方法随机森林、LightGBM 以及 XGBoost 中的主要参数的与其他表格数据集一致。

7.4.3 结果与分析

实验结果

本节将展示 iTabNet 在 4 个表格数据集上与 LightGBM、XGBoost、随机森林和 TabNet 等模型的对比结果。具体的实验结果如表 7-1 到表 7-4 所示。此外,表中也展示了 iTabNet 在不使用差异损失 L_{diff} 时的表现,以此验证引入的差异损失 L_{diff} 对于模型的影响(表中带 * 号的一栏表示 iTabNet 不加差异损失时的表现)。总的来说,iTabNet 模型在 Poker Hand、Sarcos Robotics Arm Inverse Dynamics 以及 House Price 等 3 个数据集中都取得了最优的结果,只有 Forest Cover Type 数据集上的表现略低于 TabNet 模型。具体来说,iTabNet 在 Poker Hand 数据集上可以达到的最高准确率(Accuracy)为 99.87%,比 TabNet 高 6.7%,iTabNet 在 Sarcos Robotics Arm Inverse Dynamics 数据集上可以达到的最低均方误差(MSE)为 0.027,比表现最好的随机森林低 0.02。而 iTabNet

在 House Price 数据集上可以达到的最低平均绝对误差（MAE）为 43.998，比 LightGBM 低 11.251。表明了无论是对连续型数值特征还是离散型分类特征，抑或是两者的结合，iTabNet 具有普遍的适用性。

表 7-1 不同模型在 House Price 数据集的测试集中的 MAE

模型	MAE
LightGBM	76.368
随机森林	111.395
XGBoost	55.249
TabNet	90.213
iTabNet *	59.795
iTabNet	**43.998**

表 7-2 不同模型在 Sarcos Robotics Arm Inverse Dynamics 数据集的测试集中的 MSE

模型	MSE
LightGBM	0.053
随机森林	0.047
XGBoost	0.048
Stochastic Decision Tree	2.110
Adaptive Neural Tree	1.230
Gradient Boosted Tree	1.440
MLP	2.130
TabNet	0.140
iTabNet *	0.038
iTabNet	**0.027**

表 7-3 不同模型在 Poker Hand 数据集的测试集中的 Accuracy

单位：%

模型	Accuracy
LightGBM	70.00
随机森林	60.14
XGBoost	71.10
决策树	50.00
Deep Neural Decision Tree	65.10

续表

单位:%

模型	Accuracy
MLP	50.00
CatBoost	66.60
TabNet	99.20
iTabNet *	99.61
iTabNet	**99.87**

表 7-4　不同模型在 Forest Cover Type 数据集的测试集中的 Accuracy

单位:%

模型	Accuracy
LightGBM	89.28
随机森林	70.74
XGBoost	89.34
CatBoost	85.14
AutoInt	90.24
MLP	49.00
TabNet	**96.99**
iTabNet *	96.37
iTabNet	**96.54**

实验分析

➤注意力机制对模型的影响

改进表格神经网络 iTabNet 在全局特征模块中引入了注意力机制,用于学习数据集中的特征对于预测任务的权重,从而让模型可以更加关注对于预测任务作用显著的特征。为了证明注意力机制的影响,本文在 Sarcos Robotics Arm Inverse Dynamics 和 House Price 两个数据集的测试集上进行了验证。其中,对于含有匿名特征的数据集 Sarcos Robotics Arm Inverse Dynamics,本文将全局特征模块中的注意力权重较大的特征与数据集的标签(Label)求相关系数。如果某一个特征 f 的注意力权重较大,并且它与标签的相关系数也比较大,那么说明注意力机制确实能够学习到对于预测任务比较重要的特征。图 7-6 展示了 Sarcos Robotics Arm Inverse Dynamics 数据集中各个特征与标签(Label)的相关系数热力图以及 iTabNet 中全局特征模块中学习到的注意力权重分布。

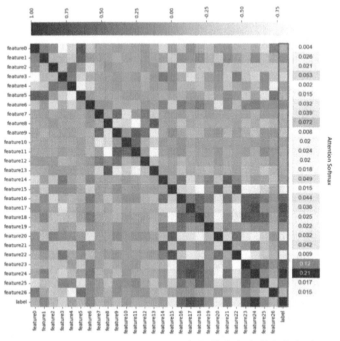

图 7-6 Sarcos Robotics Arm Inverse Dynamics 数据集中各个特征与标签(Label)的相关
系数的热力图以及其与注意力权重的对比图

图中 Attention Softmax 即为注意权重向量。从图可以看出,feature15,16,
17,18,22,23,24 与标签的相关系数绝对值均超过了 0.5。而在这些特征之中,
只有 feature16,23 和 24 在注意力机制中获得了相对较高的权重,而剩下的特征
由于与上述特征具有潜在多重共线性,因而获得的权重就相对较低,说明全局特
征模型中的注意力机制不仅能提高模型对重要特征的关注度,还能自动降低一
些存在多重共线性现象的特征的权重。

另外,对于不包含匿名特征的数据集 House Price,本文直接计算了该数据
集中 15 个特征的注意力权重值,具体如图 7-7 所示。

从图中可以直观地看出与房价强相关的特征,例如房屋面积(Area)、所在城
市(City)以及是否铺有地板(Floors)等,在注意力权重向量 $\mathcal{H}(Z_1)$ 中获得了相对
较大的权重,这是比较符合常理的,因为房屋面积以及所在城市等因素会较大程
度地影响房价。而与房价相关性较低的特征,例如,是否有白色大理石(White
Marble)等,在 $\mathcal{H}(Z_1)$ 中的权重相对较低。

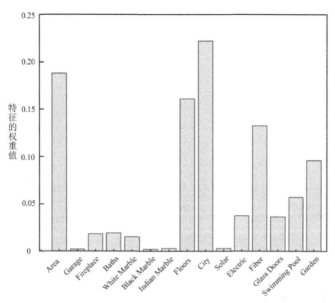

图 7-7　House Price 数据集中各个特征的注意力权重分布图

综上所述,上述实验结果表明了 global feature 模块里的注意力机制确实能够学习到对于预测任务比较重要的特征,进一步地验证了该模块的有效性。

➤差异损失对模型的影响

由于 iTabNet 本质上是一个类似于 Boosting 框架的神经网络模型,iTabNet 中的每一步都相当于 Boosting 中的基学习器。因此,如果每一步的掩膜即 $M[i]$ 都是相对不重复的,那么 iTabNet 在每一步选择的特征都是不相同的,从而 iTabNet 可以尽可能多地利用特征中的信息,模型的输出也能集成不同的"小模型"的预测结果。综上所述,iTabNet 中的 N_{steps} 中的掩膜最好是稀疏且不重复的。本文在 iTabNet 中引入了差异损失,使得 $M[i]$ 和 $M[i+1]$ 向量正交,从而约束第 i 步和第 $i+1$ 步之间的掩膜两两不相同,进一步地达到每两步之间特征差异最大化的目的。为了证明差异损失的作用,同样以 Sarcos Robotics Arm Inverse Dynamics 数据集的测试集为例,统计了该数据集中 27 个特征在每一步的掩膜 $M[i]$ 中出现的情况(在本实验中,$N_{steps}=5$)。

图 7-8 和图 7-9 分别表示了 iTabNet 不加差异损失和加上差异损失的特征选择情况。从图 7-8 中可以看出在不加差异损失时,第 i 步和第 $i+1$ 步的掩膜之间可能会存在一些特征重叠的情况,以及个别特征(例如 feature 0)多次被选择。实验中,总共被选择的特征为 11 个。

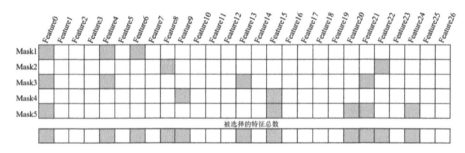

图 7-8 未加差异损失的特征选择过程

而从图 7-9 中可以看出,网络加了差异损失之后,第 i 步和第 $i+1$ 步的掩膜所选择的特征都是不同的,并且多次选择同一特征的现象有所缓解。实验中,总共被选择的特征为 16 个。这说明网络在加了差异损失之后,在约束每两步之间的掩膜不重复的情况下,使得网络利用了更多的特征信息,达到了集成不同的"小模型"的目的,在原有的基础上优化了预测结果。

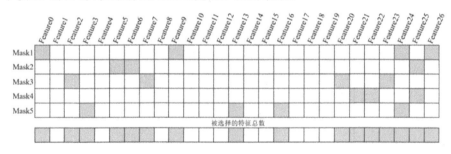

图 7-9 加差异损失的特征选择过程

7.5 小 结

本章首先阐述了表格数据以及基于表格数据神经网络的定义。其次,本章基于注意力机制和差异损失对 TabNet 进行了改进,并详细地介绍了本章所提出的 iTabNet 的网络结构以及每一个子模块。同时也对模型的损失函数以及涉及的实验参数的调优策略进行了说明。紧接着,本章在 4 个公开的表格数据上与其他先进模型进行了评估与对比实验。实验表明,iTabNet 在多个领域表格数据集上的表现明显优于其他的表格数据模型。除此之外,本章对实验的结果进行了简要的分析,就注意力机制与差异损失两个方面对模型的影响进行了解释和验证。

第 8 章　多层广义极端学习机自编码器

尽管深度学习在模式识别等领域取得了巨大的成功,但是随着网络的不断加深,深度神经网络的训练时间也变得越来越长。针对训练速度的问题,有人提出了极端学习机(Extreme Learning Machine,ELM),并将其堆叠成深度网络。ELM 是一种特殊的单隐层前馈神经网络(Single Layer Feed-Forward Neural Networks,SLFNs),其输入层与隐层的连接权重以及隐层的偏置随机给出,并且在训练过程中保持不变;隐层与输出层的连接权重通过最小化平方损失函数来获得。因此,ELM 具有速度快的特点。借助自编码的思想,将 ELM 的目标值换成输入数据,有人提出了极端学习机自编码器(Generalized Extreme Learning Machine Autoencoder,ELM-AE)。在本章,我们通过引入流行正则化,提出了广义极端学习机自编码器(Extreme Learning Machine Autoencoder,GELM-AE)。GELM-AE 进一步限制了隐层和输出层之间的权重矩阵,来确保彼此靠近的原始数据在输出空间中也保持距离相近局部几何结构。通过堆叠 GELM-AE,我们构建了一种新的神经网络——多层广义极端学习机自编码器(Multilayer Generalized Extreme Learning Machine Autoencoder,ML-GELM)。ML-GELM 不仅保持了 ELM 快速训练的特点,还继承了深度模型有效提取特征的优势。大量的数据实验验证了我们模型的有效性。

8.1　引　言

在过去的几十年中,单隐层前馈神经网络(SLFNs)已经被广泛地研究。因为训练 SLFNs 的大部分方法消耗时间相对较多,Huang 等人[36,37] 提出了快速有效的极端学习机(ELMs)。ELMs 的关键是随机选取输入层与隐层之间的权重,然后优化均方误差损失函数得到隐层与输出层的权重矩阵。此后,许多理论和实验证据已经证明了 ELMs 的优势,比如快速训练、强大的泛化能力以及普遍的逼近能力[37]。到目前为止,大量的 ELMs 的变体已经被应用于许多领域,比如,人脸识别[144]、图像分割[145]、聚类[146]等。

近来,由于深度学习(Deep Learning,DL)[6,147]在许多任务(比如,语音识别、物体检测、图像分类)中取得了巨大的进步,因此 DL 得到了越来越多的关注。在某些特定的情形下,其识别能力已经超过人类的表现。DL 为了得到更好的数据表达,采用了深度结构去模拟哺乳动物大脑的分层结构。狭义地说,DL 可以看成是一种有许多隐层的神经网络。因为每一个隐层就是一个特征提取器,一个深度学习的模型就是由众多特征提取器的模块组成的。一般来说,底层提取简单的特征,然后将提取的特征输入到高层,高层可以提取更加复杂和抽象的特征。当前,比较有代表性的深度学习模型有深度信念网(DBN)[42]、堆栈自编码(SAE)[133]、卷积神经网络(CNN)[131]等。

事实上,神经网络在机器学习领域并不是新的概念。只是在以前,人们无法找到一种有效的算法去学习网络中的大量参数。直到 Hinton 等人提出了一种贪婪的逐层学习方法[6],深度学习才得以突破。伴随着计算机计算能力的巨大提升(GPU 的使用),以及数以百万计的超大规模数据的出现,深度学习在各个机器学习领域展示出了其强大的能力以及巨大的潜力。即使深度学习的计算代价是可以接受的,但是研究怎么改善深度学习的效率问题仍然是一个热门课题。

考虑到 ELMs 的快速训练,许多研究人员致力于把 ELMs 引入到深度学习中。比如,Kasun 等[148]将 ELMs 引入到自编码器中,形成了 ELM-AE,将原始数据转换成新的特征。借鉴深度学习的思想,他们将多个 ELM-AE 堆叠形成了一个多层的极端学习机自编码器(ML-ELM)。借鉴判别限制玻尔兹曼机[78],Tissera 等人[149]使用 ELMs 作为有监督的自编码器,设计了一种新的深度神经网络。Yu 等人[150]通过使用 ELM 和随机投影,提出了一种名为 DrELM 的堆栈模型去学习深度特征表达。为了处理无监督问题,Hu 等人[151]等人通过堆栈无监督的 RHN-SLFNs 去构造了一种新的深度神经网络 StURHN-SLFNs。

为了进一步改善机器学习模型的表现,学习数据的局部一致性得到了越来越多的关注。拉普拉斯映射(LE)[46]和谱聚类(SC)[48,152]是两种典型的方法。然而,他们本质上会进行维度缩减,所以有可能会引起信息损失。相反,ELM-AE 如果采用新空间的维度比原始空间维度大的话,可以避免信息的损失。然而,ELM-AE 并没有考虑数据固有的流形结构,即原始数据在原始空间近的,在新空间也应该尽可能地接近。基于这个事实,我们提出了判别图正则化极端学习机自编码器,也称为广义地的极端学习机自编码器(GELM-AE)。在 GELM-AE 中,加在输出权重上的限制保证了相似样本在输出空间中的值相近。这个限制可以公式化成一个正则项,添加到 ELM-AE 模型的损失函数中,并且输出权重可以解析求解得到。为了进一步提升 GELM-AE 学习特征的能力,我们堆栈了几个 GELM-AE 形成一个新的深度模型,称之为多层广义极端学习机自编码器(ML-GELM)。在一些现实数据集的实验中,ML-GELM 取得了不错的实验结果。相比于许多其他深度学习模型,ML-GELM 有良好的特征提取能力,并且花费更少的时间。

8.2　极端学习机自编码器与流形正则化

在这一节,我们将详细介绍 ELM-AE 模型以及流形正则化。

8.2.1　极端学习机自编码器

极端学习机自编码器(ELM-AE)[148] 是一种基于 ELM 的无监督学习算法。与 ELM 一样,ELM-AE 也只有单隐层,并且输入数据被用作输出标签。图 8-1 展示了 ELM-AE 具体的网络结构。为了表达方便,我们给出了下面的符号表示:

- N:样本数目;
- n_i:输入神经元数;
- n_n:隐层神经元数;
- $a \in \mathrm{R}^{n_i \times n_n}$:输入权重矩阵:输入层和隐层之间的权重矩阵;
- $b \in \mathrm{R}^{n_n}$:隐层的偏置;
- $\beta \in \mathrm{R}^{n_n \times n_i}$:输出权重矩阵,隐层和输出层之间的权重矩阵。

训练 ELM-AE 的基本想法非常简单,这是一个两阶段的过程。

第一阶段,通过大量的隐层节点将原始数据映射到隐层的特征空间,即

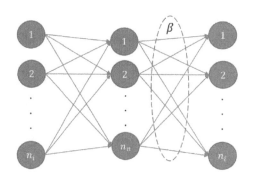

图 8-1　标准 ELM-AE 模型结构

$h(\boldsymbol{x}_i)=g(\boldsymbol{a}^\mathrm{T}\boldsymbol{x}_i+\boldsymbol{b})$。其中 $h(\boldsymbol{x}_i)\in \mathrm{R}^{n_n}$ 是隐层关于 $\boldsymbol{x}_i$ 的输出向量，$g(\cdot)$ 是一个激活函数，比如 Sigmoid 函数，Gaussian 函数等。此外，还对输入权重矩阵和隐藏偏置进行了限制：$\boldsymbol{a}^\mathrm{T}\boldsymbol{a}=\boldsymbol{I}$，$\boldsymbol{b}^\mathrm{T}\boldsymbol{b}=1$，其中 $\boldsymbol{I}$ 是一个 n_n 阶的单位矩阵。当 $n_i>n_n$ 时，Johnson-Lindenstrauss 引理[153]展示了大部分原始数据点之间的欧氏距离与隐层空间对应的特征之间的欧氏距离相等。

然后，ELM 的输出可以通过以下的公式给出：

$$f(\boldsymbol{x}_i)=h(\boldsymbol{x}_i)^\mathrm{T}\boldsymbol{\beta},i=1,\cdots,N。\tag{8-1}$$

在第二阶段，ELM-AE 通过均方误差损失去更新输出权重 $\boldsymbol{\beta}$。具体的训练 ELM-AE 的数学模型如下：

$$\min_{\boldsymbol{\beta}\in \mathrm{R}^{n_n\times n_i}} L_{\mathrm{ELM\text{-}AE}}=\frac{1}{2}\|\boldsymbol{\beta}\|^2+\frac{C}{2}\|\boldsymbol{X}-\boldsymbol{H\beta}\|^2,\tag{8-2}$$

式中，第一项是一个正则化项，用来控制模型的复杂度。第二项是一个均方误差损失。C 是一个惩罚系数，用来权衡这两项。并且有 $\boldsymbol{X}=[\boldsymbol{x}_1^\mathrm{T},\boldsymbol{x}_2^\mathrm{T},\cdots,\boldsymbol{x}_N^\mathrm{T}]^\mathrm{T}\in \mathrm{R}^{N\times n_i}$，$\boldsymbol{H}=[h(\boldsymbol{x}_1)^\mathrm{T},h(\boldsymbol{x}_2)^\mathrm{T},\cdots,h(\boldsymbol{x}_N)^\mathrm{T}]^\mathrm{T}\in \mathrm{R}^{N\times n_n}$。

设置 $L_{\mathrm{ELM\text{-}AE}}$ 关于 $\boldsymbol{\beta}$ 的导数为零，得到

$$\nabla_{\mathrm{ELM\text{-}AE}}=\boldsymbol{\beta}-C\boldsymbol{H}^\mathrm{T}(\boldsymbol{X}-\boldsymbol{H\beta})=0。\tag{8-3}$$

上述的梯度公式很容易求解，接下来我们分两种情况去讨论。

当 $N\geqslant n_n$ 时，$\boldsymbol{H}$ 的行数比列数多，式(8-3)是一个超定方程，我们得到封闭解：

$$\boldsymbol{\beta}^*=\left(\boldsymbol{H}^\mathrm{T}\boldsymbol{H}+\frac{\boldsymbol{I}_{n_n}}{C}\right)^{-1}\boldsymbol{H}^\mathrm{T}\boldsymbol{X},\tag{8-4}$$

式中，$\boldsymbol{I}_{n_n}$ 是一个 n_n 阶的单位矩阵。

当 $N < n_n$ 时，$\boldsymbol{H}$ 的列数比行数多，式(8-3)是一个欠定方程。在这种情况下，我们将引入额外的限制条件 $\boldsymbol{\beta} = \boldsymbol{H}^{\mathrm{T}}\boldsymbol{\alpha}$ ($\boldsymbol{\alpha} \in \mathrm{R}^{N \times n_i}$)。然后(8-2)的闭解形式变成

$$\boldsymbol{\beta}^* = \boldsymbol{H}^{\mathrm{T}}\left(\boldsymbol{H}\boldsymbol{H}^{\mathrm{T}} + \frac{\boldsymbol{I}_N}{C}\right)^{-1}\boldsymbol{X}, \tag{8-5}$$

式中，$\boldsymbol{I}_N$ 是一个 N 阶单位矩阵。

给定了输入数据 $\boldsymbol{X}$，我们得到它的 n_n 维特征空间的表达 $\boldsymbol{X}_{new} = \boldsymbol{X}\boldsymbol{\beta}^{\mathrm{T}}$。紧接着，我们使用 $\boldsymbol{X}_{new}$ 去代替原始数据应用于聚类或者嵌入式任务。基于以上的讨论，我们在算法 8-1 总结了 ELM-AE 参与聚类任务的主要算法步骤。

Input：训练集 $\{\boldsymbol{X}\} = \{\boldsymbol{x}_i\}_{i=1}^{N}$；隐层节点的数目 n_n，惩罚系数 C。

Output：聚类的结果。

1　步骤 1：

2　　用随机正交输入权重和偏置初始化，得到隐层神经节点输出。

3　步骤 2：

4　　如果 $n_n \leqslant N$：

5　　　使用公式(8-4)计算输出权重矩阵 $\boldsymbol{\beta}$；

6　　否则：

7　　　使用公式(8-5)计算输出权重矩阵 $\boldsymbol{\beta}$。

8　步骤 3：

9　　计算样本新的特征表达 $\boldsymbol{X}_{new} = \boldsymbol{X}\boldsymbol{\beta}^{\mathrm{T}}$。

10　步骤 4：

11　　把 $\boldsymbol{X}_{new}$ 的每一行当作一个样本点，然后通过 k-means 算法聚成 K 类。

算法 8-1　ELM-AE 聚类任务

8.2.2　流形正则化

流形是指数据分布在高维空间中的一个低维度的流形上面，换句话说数据本质上不是高维度的。流形正则化则是将流形限制加入到正则化项中，这样大大降低了数据的复杂度。所以，流形正则化主要研究数据边际分布的几何结构性质，它已经成功地应用于许多半监督任务[43,154]。在半监督学习任务中加入流

形正则化,有两个假设:①有标签数据X_l和无标签数据X_u都来自同一个边际分布P_X;②如果两个数据点非常接近时,它们的条件分布$p(y|x_1)$和$P(y|x_2)$也应该非常接近。第二个假设可以进一步公式化:

$$L_m = \frac{1}{2}\sum_{ij}W_{ij}\|p(y|x_i)-p(y|x_j)\|^2, \tag{8-6}$$

式中,$W=(W_{ij})$是一个关联矩阵。任意的两个数据x_i和x_j距离非常近时,它的值是非零的;距离远时,它的值则是零。任意两个数据之间的权重W_{ij}可以用高斯函数$\exp(-\|x_i-x_j\|^2/2\sigma^2)$得到,或者直接赋值为0(距离远)或1(距离近)。

因为条件概率很难计算,所以公式(8-6)一般用以下公式来近似代替:

$$\hat{L}_m = \frac{1}{2}\sum_{ij}W_{ij}\|\hat{y}_i-\hat{y}_j\|^2, \tag{8-7}$$

式中,$\hat{y}_i$和$\hat{y}_j$分别是数据x_i和x_j的预测值。

对于公式(8-7),我们可以将其写成矩阵形式:

$$\hat{L}_m = Tr(\hat{y}^T L\hat{y}), \tag{8-8}$$

式中,$Tr(\cdot)$是一个矩阵的迹,$L=D-W$是图拉普拉斯矩阵,$W=(W_{ij})$是关联矩阵。D是一个对角矩阵,对角元素是$D_{ii}=\sum_j W_{ij}$。正如文献[45]所讨论的,我们可以对L进行标准化$D^{-1/2}LD^{-1/2}$或者使用L^p(p是一个整数)去代替它。

8.3 广义极端学习机自编码器

在这节,我们将介绍一种新的判别图正则化极端学习机自编码器,也称广义极端学习机自编码器(Generalized Extreme Learning Machine Autoencoder,GELM-AE),并给出其具体的模型以及主要的算法步骤。

正如图 8-1 所示,GELM-AE 的结构与 ELM-AE 是一样的。众所周知,无监督学习充分使用了无标签数据去发现原始数据潜在的结构。ELM-AE 同样可以处理无监督学习问题,并且有不错的特征提取能力。我们在 GELM-AE 引入了流形正则项,进一步限制了输出权重,来保证在原始空间数据之间距离近,在输出空间彼此间距离也近。因此,相比于 ELM-AE,GELM-AE 有着更好的效果。

对于无标签数据集 $\boldsymbol{X} = \{\boldsymbol{x}_i\}_{i=1}^N$，$N$ 是训练样本的数目。GELM-AE 的优化目标函数变成：

$$\min_{\boldsymbol{\beta} \in \mathrm{R}^{n_n \times n_o}} \frac{1}{2} \|\boldsymbol{\beta}\|^2 + \frac{\kappa}{2} \|\boldsymbol{X} - \boldsymbol{H}\boldsymbol{\beta}\|^2 + \frac{\lambda}{2} Tr(\boldsymbol{\beta}^{\mathrm{T}} \boldsymbol{H}^{\mathrm{T}} \boldsymbol{L} \boldsymbol{H} \boldsymbol{\beta}), \tag{8-9}$$

式中，$\boldsymbol{L}$ 是一个图正则化拉普拉斯矩阵。

然后，我们计算上述损失函数的关于 $\boldsymbol{\beta}$ 的梯度，得

$$\boldsymbol{L}_{\text{GELM-AE}} = \boldsymbol{\beta} - \boldsymbol{C}\boldsymbol{H}^{\mathrm{T}}(\boldsymbol{X} - \boldsymbol{H}\boldsymbol{\beta}) + \lambda \boldsymbol{H}^{\mathrm{T}} \boldsymbol{L} \boldsymbol{H} \boldsymbol{\beta}, \tag{8-10}$$

式中，$\boldsymbol{C}$ 是一个 $N \times N$ 的对角矩阵，其对角线元素 $[\boldsymbol{C}]_{ii} = \kappa, i = 1, \cdots, N$。通过设置其梯度为零，我们得到相应的封闭解形式。

与 ELM-AE 的情况相似，我们对 GELM-AE 的解分两种情况讨论求解。当训练样本数大于等于隐层节点数时，我们有

$$\boldsymbol{\beta}^* = (\boldsymbol{I}_{n_n} + \boldsymbol{H}^{\mathrm{T}} \boldsymbol{C} \boldsymbol{H} + \lambda \boldsymbol{H}^{\mathrm{T}} \boldsymbol{L} \boldsymbol{H})^{-1} \boldsymbol{H}^{\mathrm{T}} \boldsymbol{C} \boldsymbol{X}, \tag{8-11}$$

式中，$\boldsymbol{I}_{n_n}$ 是 n_n 阶的单位矩阵。

当训练样本数小于隐层节点数，$\boldsymbol{H}$ 的列数将会比行数更多。在这时，我们引入额外的限制条件 $\boldsymbol{\beta} = \boldsymbol{H}^{\mathrm{T}} \boldsymbol{\alpha} (\boldsymbol{\alpha} \in \mathrm{R}^{N \times n_o})$。在此种情况下，优化问题(8-9)的封闭解变成

$$\boldsymbol{\beta}^* = \boldsymbol{H}^{\mathrm{T}} (\boldsymbol{I}_N + \boldsymbol{C}\boldsymbol{H}\boldsymbol{H}^{\mathrm{T}} + \lambda \boldsymbol{L}\boldsymbol{H}\boldsymbol{H}^{\mathrm{T}})^{-1} \boldsymbol{C} \boldsymbol{X}, \tag{8-12}$$

式中，$\boldsymbol{I}_N$ 是一个 N 阶的单位矩阵。

现在，我们得到了输入数据 $\boldsymbol{X}$ 在 n_n 维特征空间的新表达 $\boldsymbol{X}_{new} = \boldsymbol{X}\boldsymbol{\beta}^{\mathrm{T}}$。接下来，我们用 $\boldsymbol{X}_{new}$ 去代替原始数据，参与聚类或者嵌入式任务。基于以上的讨论，我们在算法 8-2 总结了 GELM-AE 用来聚类的实现。

Input：训练集 $\{\boldsymbol{X}\} = \{\boldsymbol{x}_i\}_{i=1}^N$；隐层节点的数目 n_n，惩罚系数 κ 和 C。

Output：聚类的结果。

1　步骤 1：

2　　用随机输入权重和偏置初始化，得到隐层神经节点输出。

3　步骤 2：

4　　如果 $n_n \leqslant N$：

5　　　使用公式(8-11)计算输出权重矩阵 $\boldsymbol{\beta}$；

6　否则：

7	使用公式(8-12)计算输出权重矩阵 $\boldsymbol{\beta}$。
8	步骤3：
9	计算样本新的特征表达 $\boldsymbol{X}_{new}=\boldsymbol{X}\boldsymbol{\beta}^{\mathrm{T}}$。
10	步骤4：
11	把 $\boldsymbol{X}_{new}$ 的每一行当作一个样本点，然后通过k-means算法聚成 K 类。

算法8-2　GELM-AE 聚类任务

8.4　多层广义极端学习机自编码器

在这一部分,我们将介绍一种新的深度结构,基于 GELM-AE 构建的多层图正则化极端学习机自编码器,也称多层广义极端学习机自编码器(Multilayer Generalized Ex-treme Learning Machine Auto-encoder,ML-GELM),去捕获数据更高层次的潜在结构。接下来给出模型的结构和算法的细节。

ML-GELM 是一种堆栈的多层神经网络,它利用了无监督的 GELM-AE 作为一个基本的模块。如图 8-2 所展示的那样,ML-GELM 以前向的方式训练单个 GELM-AE。更具体地,我们首先通过算法 8-2 训练最底层的 GELM-AE。这个训练好的 GELM-AE 的输出作为第二个 GELM-AE 的输入,接着去训练

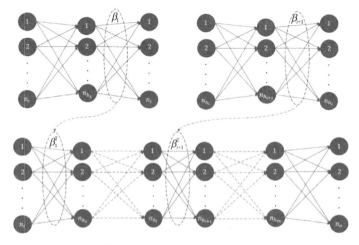

图 8-2　ML-GELM 网络结构图

第二个 GELM-AE。依次类推,我们得到整个 ML-GELM 的结构。

ML-GELM 的主要目的是发现输入数据潜在的结构。如果 ML-GELM 能够被训练得很好,它就能够捕获数据的优秀的潜在特征,然后在分类或者其他任务中取得很好的表现。以分类任务作为例子,算法 8-3 展示了 ML-GELM 的详细训练步骤。

Input：训练数据：$\{\boldsymbol{X}_{train},\boldsymbol{Y}_{train}\}=\{\boldsymbol{x}_i,\boldsymbol{y}_i\}_{i=1}^N$；

模型深度：m；

测试数据：$\{\boldsymbol{X}_{test},\boldsymbol{Y}_{test}\}=\{\boldsymbol{x}_i,\boldsymbol{y}_i\}_{i=1}^N$；

每个 GELM-AE 的隐层节点数目：$n_{h_1},n_{h_2},\cdots,n_{h_m}$；

新的激活函数：h_{new}。

Output：M 个测试样本的分类结果。

1　步骤 1：

2　　初始化 $\boldsymbol{X}_1=\boldsymbol{X}_{train}$。

3　步骤 2：

4　**For** $i=1:m$

5　　初始化第 i 个 GELM-AE 的输出权重矩阵 $\boldsymbol{W}_i$ 和偏置 $\boldsymbol{b}_i$；

6　　训练得到第 i 个 GELM-AE 的权重矩阵 $\boldsymbol{W}_i$；

7　　计算输出值,将其作为第 $i+1$ 个 GELM-AE 的输入数据。

8　$\boldsymbol{X}_{i+1}=h_{new}(\boldsymbol{X}_i\boldsymbol{\beta}_i^{\mathrm{T}})$。

9　**End For**

10　步骤 3：

11　映射第 m 层的输出 $\boldsymbol{X}_{m+1}$ 到最后的输出层,与 $\boldsymbol{Y}_{train}$ 对比,调整分类器。

12　步骤 4：

13　使用以上训练好的 ML-GLEM 模型,计算所有测试数据的分类结果。

算法 8-3　ML-GELM 算法用于分类任务

8.5 实　验

在这一部分,通过对比大量的其他优秀算法,我们检验 GELM-AE 和 ML-GELM 算法的有效性,并且我们做了算法运行时间的实验,我们的方法有效的继承了 ELM 快速训练的优势。对比许多传统方法,我们的方法训练时间更短。

8.5.1　无监督聚类

在这一部分,我们研究了 GELM-AE 的特征提取能力,并且与其他许多方法进行了对比。表 8-1 总结了用于对比的基准数据集以及其具体特性。数据集中的 IRIS、WINE 以及 GLASS 来自 UCI 数据库[155]。我们还考虑了一个人脸识别数据集 YALEB[52]、一个多类别的图像分类数据集 COIL20[156]。为了验证我们的方法 GELM-AE 的有效性,我们将其与许多无监督算法进行了对比。这些方法包括 k-means 算法、谱聚类算法(Spectral Clustering,SC)[48,152]、拉普拉斯映射(Laplacian Eigenmaps,LE)[46] 以及 ELM-AE[148]。

表 8-1　聚类的实验数据

数据集	类别数	维数	样本数
IRIS	3	4	150
WINE	3	13	178
COIL20	20	1024	1440
YALEB	15	1024	165
GLASS	6	10	214

为了评价每种算法的特征提取能力,在实验中,我们采用聚类准确率(ACC)这个指标。具体地,ACC 的定义如下:

$$\text{ACC} = \frac{\sum_{i=1}^{N} \delta(\boldsymbol{y}_i, \text{map}(\boldsymbol{c}_i))}{N},\tag{8-13}$$

式中,N 是训练样本的数目,$\boldsymbol{y}_i$ 和 $\boldsymbol{c}_i$ 分别是样本 $\boldsymbol{x}_i$ 的真实标签和预测标签,$\delta(\boldsymbol{y}_i, \text{map}(\boldsymbol{c}_i))$ 是一个示性函数。如果 $\boldsymbol{y}_i = \text{map}(\boldsymbol{c}_i)$,它的值等于 1;其他情况

下,它的值等于 0。map(·)函数是一个优化排列函数,其原理是根据 Hungarian algorithm[157]将聚类标签映射到真实的标签。针对不同的数据集,隐层节点数从序列 $\{500, 1000, 2000\}$ 中选择一个合适的数目。根据聚类的表现,GELM-AE 的超参数是从指数序列 $\{10^{-4}, 10^{-1}, \cdots, 10^{6}\}$ 中选取的。无监督的 GELM-AE、LE 以及 SC 都使用了相同的关联矩阵,但是嵌入空间的维度根据表现单独选择。设置好所有参数之后,我们针对每个数据集,分别进行了 50 次实验。在每次实验中,k-means 算法在原始空间中完成聚类,而 LE、SC、ELM-AE 以及 GELM-AE 分别在嵌入空间中完成聚类。

表 8-2 展示了 50 次实验的结果。对于每一种方法,均值和标准差表示 50 次实验准确率的均值和标准差。最优值代表着 50 次实验中最高的准确率。通过表 8-2,我们可以看到,GELM-AE 取得了比其他所有方法都要好的实验结果。为了对比嵌入结果,我们给出了一个 IRIS 数据集的可视化例子。图 8-3 展示了原始数据的前两维,ELM-AE 和 GELM-AE 嵌入空间的前两维。图中圆圈标注的点是被 k-means 错误分类的样本。通过观察,我们可以发现原始数据并不能通过 k-means 很好地聚类,而通过 GELM-AE 进行特征转换后,然后用 k-means 可以得到很好的结果。

表 8-2　GLEM-AE 聚类的实验结果

数据集		k-means	SC	LE	ELM-AE	GELM-AE
IRIS	均值±标准差	81.81±13.45	82.53±10.99	81.81±16.11	84.44±0.63	92.44±3.94
	最优值	89.33	90	90.67	85.33	94
WINE	均值±标准差	95.89±5.20	92.70±8.34	92.63±8.67	91.87±0.90	96.37±0.78
	最优值	96.63	94.38	94.38	94.38	97.19
YALEB	均值±标准差	41.78±3.65	38.53±2.12	40.65±2.63	42.87±4.44	44.93±3.51
	最优值	49.7	43.03	44.85	50.91	50.3
GLASS	均值±标准差	55.31±0.68	53.50±5.58	53.87±7.74	58.79±7.04	64.55±5.77
	最优值	56.07	76.64	75.7	76.17	78.04
COIL20	均值±标准差	59.88±4.71	54.98±7.44	55.97±6.58	59.39±4.66	61.78±4.99
	最优值	69.17	68.4	65.35	68.96	71.25

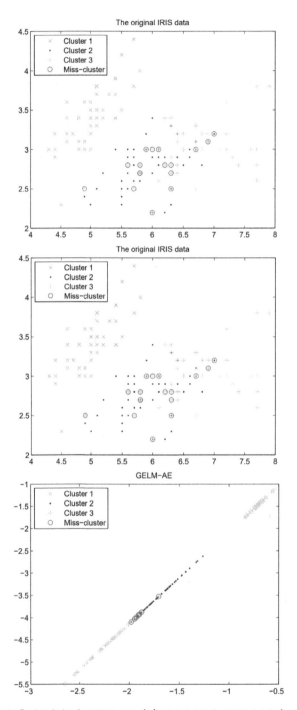

图 8-3　IRIS 数据集原始数据的可视化以及其在 ELM-AE 和 GELM-AE 嵌入空间的可视化

8.5.2　有监督分类

在本节中,我们对 ML-GELM 算法、其他深度模型算法以及 ELM 算法进行了分类对比实验。ELM 是一种简单的单隐层的神经网络算法。在实验中,用于对比其他的深度模型算法包括深度信念网(DBN)[6]、堆栈自编码器(SAE)[50]、多层极端学习机(ML-ELM)[148]、深度表示极端学习机(DrELM)以及其循环版本(DrELM^r)[150]。

表 8-3 展示了所有的分类数据集。这些数据集包括五个 UCI 数据集:IRIS、WINE、GLASS、LIVER、SATIMAGE[155],一个图片多分类数据集 COIL20[156],一个数字手写体数据集 USPS 的子集 USPST。每一个数据集,一半数据集用作训练,另一半数据集用作测试。为了便于比较,表 8-3 总结了这些数据集的具体属性。

表 8-3　分类的实验数据

数据集	类别数	维数	样本数
IRIS	3	4	150
WINE	3	13	178
USPST	10	256	2007
LIVER	2	6	345
GLASS	6	10	214
COIL20	20	1024	1440
SATIMAGE	6	36	6435

ML-GELM 的分类实验具体设计如下。为了使得实验对比公平,在绝大多数数据集上,DBN、SAE、ML-ELM 以及 ML-GELM 具有相同的网络结构(比如有相同的深度以及相同的隐层节点数)。并且 ELM 的隐层节点数与 ML-GELM 的第一隐层节点数相同。对于 DrELM 和 DrELM^r,我们根据交叉验证设置它们的超参数。DBN 和 SAE 的损失函数都是交叉熵损失($L = -\sum_i p_i \log \hat{p}_i - \sum_i (1-p_i) \log(1-\hat{p}_i)$)。此外,在大部分数据的实验中,隐层节点数是从 1000 到 5000 间隔 100 的序列中选取的。每个数据具体的隐层节点数是通过交叉验证得到的。ML-GELM 的超参数是从指数序列 $\{10^{-7}, 10^{-1}, \cdots, 10^6\}$ 中选取的。评估模型表现的指标是分类准确率。对每一个算法的不同数据集,我们都

执行了 30 次实验。具体的分类实验结果如表 8-4 所展示的。

表 8-4 ML-GELM 算法的分类实验结果

数据集	准确率	ELM	DBN	SAE	ML-ELM	DrELM	DrELMr	ML-GELM
IRIS	均值±标准差	83.49±2.00	96.67±1.44	95.07±2.95	93.73±2.78	94.62±3.49	95.11±2.65	97.15±0.54
	最优值	88.00	98.67	100.00	97.33	100.00	100.00	97.33
WINE	均值±标准差	89.73±1.79	96.00±1.83	90.78±0.54	94.56±1.85	96.62±1.92	96.00±2.25	96.67±1.28
	最优值	93.33	98.89	91.11	96.67	100.00	98.89	98.89
USPST	均值±标准差	91.59±0.75	88.96±0.81	93.69±0.33	89.78±1.58	92.45±0.93	92.50±0.87	93.72±0.48
	最优值	93.03	90.25	94.13	92.04	94.53	94.33	94.53
LIVER	均值±标准差	54.16±2.64	59.65±0.53	61.97±3.96	58.03±3.61	68.42±3.35	68.54±3.56	70.08±2.96
	最优值	59.54	60.69	65.90	64.74	73.99	74.57	75.72
GLASS	均值±标准差	73.23±2.14	71.38±0.95	83.95±0.99	75.23±1.83	83.06±4.55	82.87±3.22	82.94±1.31
	最优值	78.90	73.39	85.32	78.90	89.91	88.07	84.40
COIL20	均值±标准差	94.69±0.92	98.85±0.09	98.81±0.20	96.58±0.70	95.58±1.18	95.59±0.87	99.90±0.09
	最优值	96.39	99.03	99.17	97.50	97.92	97.36	100.00
SATIMAGE	均值±标准差	87.07±0.50	86.20±0.66	87.67±1.33	85.52±0.53	87.85±0.53	87.82±0.54	88.77±0.44
	最优值	88.13	87.36	88.97	86.64	88.79	89.13	89.53
平均精度		81.99	85.39	87.42	84.78	88.37	88.35	89.89

因为 ML-GELM 是基于深度学习的框架，所以我们对比了许多现存的深度学习方法。第一个模型是 DBN[6]。DBN 是通过多个 RBM 堆栈而成的。其训练过程分为两阶段。第一阶段，每个 RBM 通过对比散度（Contrastive Divergence，CD）[158]算法训练，每个当前 RBM 的输出作为接下来一个 RBM 的输入。依次类推，得到最后一个 RBM 的输出。第二阶段过程，整个神经网络通过后向传播算

法进行微调。堆栈自编码器(SAE)与 DBN 类似。只是用自编码代替了 RBM 去作为 SAE 的基本组成模块。DrELM 和 DrELM^r 是一种结合 ELM 和随机投影的新模型。DrELM 和 DrELM^r 之间仅有的不同是 X_{i+1}[X_{i+1} 是第($i+1$)个 ELM 的输入数据]的计算方式。在 DrELM 中,X_{i+1} 的更新只使用了第 i 层的预测结果。而在 DrELM^r 中,X_{i+1} 的更新使用了前 i 层的预测结果。此外,用来比较的另外两个算法是 ELM 和 ML-ELM,ML-ELM[148] 是 ELM-AE 的多层堆叠。表 8-4 列出了 30 次实验的平均准确率、准确率的标准差以及最优的准确率。通过表 8-4 的实验结果,我们可以看出 ML-GELM 在绝大多数数据集上比其他方法要好。

为了对比所有算法的模型复杂度,我们记录了程序的运行时间。需要注意的是计算条件。我们计算机的配置是 3.40GHz,并且有 24G 内存的电脑。图 8-4 展示了这些算法在所有数据集上的运行时间(以秒为单位)。从图中可以观察到,ML-GELM 相比于 ML-ELM 花费稍多的时间,但是比 DrELM 和 DrELM^r 花费更少的时间。并且,我们的方法 ML-GELM 相比于传统的深度学习方法,不仅花费时间少了很多,而且取得了更好的分类表现。

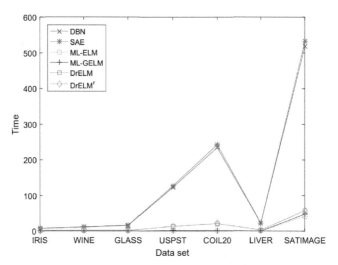

图 8-4 ML-GELM 与其他深度模型在所有数据集上的运行时间对比

8.6　小　结

考虑到原始数据距离近的,在输出空间距离也要尽可能近,我们提出了一种 ELM 的变体,称为 GELM-AE。GELM-AE 结合了 ELM-AE 的快速训练以及流形正则项的强大能力。对比于 LE、SC,以及 ELM-AE、GELM-AE 具有更好的特征提取能力以及更优的聚类实验结果。通过堆栈 GLEM-AE,我们提出了一种新的深度学习框架 ML-GELM。与传统的神经网络一样,ML-GELM 运用了堆叠泛化原则去提高模型的学习能力。在分类任务上,实验结果表明 ML-GELM 明显优于 ELM,以及许多其他的深度模型,包括 DBN、SAE、ML-ELM、DrELM 以及 DrELM^r。更重要的是,相比于传统的模型 DBN 和 SAE,ML-GELM 具有快速训练的优势。

第 9 章　Fisher 判别主成分分析网络

近年来,随着深度学习的飞速发展,将传统的机器学习与深度学习相结合的方法,吸引了大量的关注。其中一个代表性的工作是主成分分析网络(Principal Component Analysis Network,PCANet),它利用主成分分析(Principal Component Analysis,PCA)去学习深度结构中的卷积核,并且在图像分类中取得了良好的效果。然而,在学习卷积核的过程中,PCANet 并没有使用判别信息。在本章中,基于 PCANet 中的 PCA,我们提出了一个模型称为 Fisher 主成分分析(FPCA),它结合了 Fisher 线性判别分析(Fisher Linear Discriminant Analysis,FLDA)和 PCA。为了计算方便,我们引入了一个中间变量,设计了一个 FPCA 的逼近模型。理论上,我们分析了 FPCA 原始模型与逼近模型的关系,并且给出了逼近模型的收敛性分析。此外,通过堆叠 FPCA 的逼近模型,我们构建了一个深度网络,称为 FPCA 网络(FPCANet)。我们做了大量的分类实验,去比较 FP-CANet 与其他优秀的深度模型算法。实验结果表明,提出的 FPCANet 能够学习到更多的判别信息,并且与众多优秀算法相比,有充满竞争力的实验结果。

9.1　引　言

近来,深度学习[6,159]由于其可以有效地发现数据的复杂结构,而成为一种提取特征的新趋势。不同于传统的手工提取特征的模型,比如尺度不变特征变换(SIFT)、方向梯度直方图(HOG)等。深度模型可以通过多层特征提取,自动地学习数据的良好表达。因此,深度学习已经被应用于许多领域,比如图像处理[19,160-162]、语音识别[22,163]、自然语言处理[164],以及其他的应用[165,166]。

大部分深度学习模型,每一层都会存在一个非线性激活函数。即使激活函数可以提取数据中更加抽象的信息,但是其增加了直观解释以及理论分析的难度。此外,大部分深度模型的训练是基于著名的反向传播算法(BP 算法),这会带来结果的不稳定性以及大量的时间消耗。与之形成鲜明对比的是,用来提取特征的传统的浅层模型是简单的,并且有许多现成的理论基础。

因此,将深度学习与传统的机器学习相结合,已经变成了机器学习领域中一个新的热点研究方向,代表性成果是结合 PCA 以及 LDA 的工作。Stuhlsatz 等人[167]介绍了一种模型,称之为推广的判别分析,并采用深度神经网络去提取特征。Liong 等人[168]提出了一种深度 PCA 模型,其主要利用了一个两层零相位成分分析白化技术和 PCA 结构,去学习分层特征用于人脸识别。Lu 等人[169]设计了一种新的联合特征学习(JFL)方法去自动地学习特征表达,并且使用 JFL 堆栈成一个深度结构,进一步使用分层的信息。为了降低冗余性,他们也使用了权重 PCA(WPCA)[170]去映射第一层的联合输出到一个低维特征空间。Chan 等人[141]提出了两个深度模型的变体,即 PCANet 和 LDANet。PCANet 是一个无监督的深度学习框架,主要利用 PCA 去学习多阶段的滤波器。而 LDANet 是一个监督的深度学习框架,主要利用 LDA 去学习深度模型中的滤波器。

即使以前的方法(使用 PCA 或者 LDA 的方法)表现还不错,但是它们有一个共同之处:它们提取特征只使用 PCA 或者 LDA。然而,在大部分情况下,PCA 和 LDA 提取不同的特征。PCA 是一种无监督的学习方法,其利用数据的方差去提取数据本身的主要特征。而 LDA 是一种监督的学习方法,其利用数据的判别信息去提取数据的判别特征。可以看出,PCA 和 LDA 提取的特征是不一样的。因此,我们很自然地想到了将 LDA 和 PCA 融合到深度模型中,去提取更好的特征。本章中,在 PCANet 的框架下,我们提出了一种新的 Fisher PCA(FPCA),结合了 PCA 和 LDA。因此,我们的 FPCA 同时包括特征的主要信息和特征的判别信息。我们首先直接将两者结合形成原始的 FPCA。然而,原始的 FPCA 在实际计算中并不容易。因为在求解这个合并的损失函数时,会出现一个西尔维斯特方程(Sylvester Equation),而这个方程会涉及一个超大的矩阵,普通电脑难以存储。为了避免这个超大矩阵的出现,我们通过引入一个中间变量,给出了一个可代替的模型去逼近这个原始的 FPCA 模型。这个可以替代的模型,我们称之为 FPCA 逼近模型。更进一步,我们给出了一个详细的分析,关于这个原始的 FPCA 与它的逼近模型之间的关系。我们同样分析了逼近模型的收敛性问题。当逼近模型的参数在一定的参数范围时,我们给出了逼近模型对单个变量是一个凸模型。最后,我们使用 FPCA 的逼近模型去堆栈成一个深度网络,称之为 FPCA 网络(FPCANet)。在大量数据集上的实验,验证了 FPCANet 可以学习到更加有效的特征,并且有着与其他深度模型相比,充满竞争力的实验结果。更重要的是,我们对实验结果的分析给出了一种可能的解释,关于 PCANet 和 LDANet 的实验结果的解释:LDANet 使用了标签信息,PCANet 没有使用标签信息,但是 PCANet 的实验结果明显优于 LDANet 的实验结果。

9.2　基础知识

为了使本章自成一体,在这一部分,我们会介绍 PCANet 和 LDANet 的具体网络结构以及训练过程。

9.2.1　主成分分析网络

在这节,我们首先介绍 PCANet。PCANet 是一个深度模型,它将 PCA 融入深度学习模型中,具体模型结构如图 9-1 所示。总的来说,PCANet 包括两个阶段:PCA 阶段、哈希编码和直方图统计阶段。在 PCA 阶段,PCANet 使用 PCA 去提取每一层的特征。在第一个 PCA 中,采用训练样本作为输入,PCANet 使用 PCA 去得到滤波器,并且将此滤波器作用于输入样本,得到新的第二个 PCA 的输入。以此类推,建立 PCANet 的整个深度结构框架。在哈希编码和直方图统计阶段,主要用来转化特征,然后用于分类。

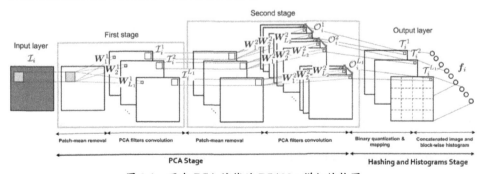

图 9-1　两个 PCA 堆栈的 PCANet 详细结构图

具体的细节如下。

PCA 阶段:假设训练集 $\{\boldsymbol{P}_i\}_{i=1}^N$ 包括 N 个图片样本,每个图片的尺寸大小是

$m \times n$。在此阶段,需要先将图片转化为一组向量。假设在所有 PCA 中,图像块的大小都是 $k_1 \times k_2$。对于第 i 幅图像 $\boldsymbol{P}_i$,所有的图像块(可能存在重叠部分)被收集,此时 $\boldsymbol{P}_i$ 可以被表示成 $\{\boldsymbol{x}_{i,1}, \boldsymbol{x}_{i,2}, \cdots, \boldsymbol{x}_{i,\widetilde{m}\widetilde{n}}\}$,其中 $\boldsymbol{x}_{i,j} \in \mathrm{R}^{k_1 k_2}$ 定义了第 j 个向量化的图像块,并且 $\widetilde{m} = m - k_1 + 1, \widetilde{n} = n - k_2 + 1$。实际上,这个方法参考了卷积神经网络中的卷积操作的思想。然后每个图像块减去这个图像块的均值,图像 $\boldsymbol{P}_i$ 产生一个新的表达 $\overline{\boldsymbol{X}}_i = \{\overline{\boldsymbol{x}}_{i,1}, \overline{\boldsymbol{x}}_{i,2}, \cdots, \overline{\boldsymbol{x}}_{i,\widetilde{m}\widetilde{n}}\}$,其中 $\overline{\boldsymbol{x}}_{i,1} = \boldsymbol{x}_{i,j} - \dfrac{\mathbf{1}^{\mathrm{T}} \boldsymbol{x}_{i,j}}{k_1 k_2} \mathbf{1}$,$\mathbf{1}$ 是一项向量元素全是 1 的 $k_1 \times k_2$ 维的向量。现在,训练集可以被表示成:

$$\boldsymbol{X} = [\overline{\boldsymbol{X}}_1, \overline{\boldsymbol{X}}_2, \cdots, \overline{\boldsymbol{X}}_N] \in \mathrm{R}^{k_1 k_2 \times N \widetilde{m}\widetilde{n}}。 \tag{9-1}$$

假设第 i 个 PCA 的滤波器数目是 L_i,PCA 采用重构误差作为目标函数。以第一个 PCA 为例子,具体的目标函数如下:

$$\min_{\boldsymbol{U} \in \mathrm{R}^{k_1 k_2 \times L_1}} \| \boldsymbol{X} - \boldsymbol{U} \boldsymbol{U}^{\mathrm{T}} \boldsymbol{X} \|, \text{s. t. } \boldsymbol{U} \boldsymbol{U}^{\mathrm{T}} = \boldsymbol{I}_{L_1}, \tag{9-2}$$

其中 $\boldsymbol{I}_{L_1}$ 是一个 $L_1 \times L_1$ 的单位阵。假设 $q_l(\boldsymbol{X}\boldsymbol{X}^{\mathrm{T}})$ 是 $\boldsymbol{X}\boldsymbol{X}^{\mathrm{T}}$ 的第 l 个主成分向量。那么优化问题的解就是

$$\boldsymbol{U} = \{q_1(\boldsymbol{X}\boldsymbol{X}^{\mathrm{T}}), q_2(\boldsymbol{X}\boldsymbol{X}^{\mathrm{T}}), \cdots, q_{L_1}(\boldsymbol{X}\boldsymbol{X}^{\mathrm{T}})\}。 \tag{9-3}$$

然后,PCA 学习的滤波器可以写成

$$\boldsymbol{W}_l^1 = \mathrm{mat}_{k_1, k_2}(q_l(\boldsymbol{X}\boldsymbol{X}^{\mathrm{T}})) \in \mathrm{R}^{k_1 \times k_2}, l = 1, 2, \cdots, L_1, \tag{9-4}$$

其中 $\mathrm{mat}_{k_1, k_2}(q_l(\boldsymbol{X}\boldsymbol{X}^{\mathrm{T}}))$ 是一个函数,可以将向量 $q_l(\boldsymbol{X}\boldsymbol{X}^{\mathrm{T}}) \in \mathrm{R}^{k_1 k_2}$ 映射成一个矩阵 $\boldsymbol{W}_l^1 \in \mathrm{R}^{k_1 \times k_2}$。因此,训练样本的主要变化可以通过 $\boldsymbol{U}$ 中的主成分向量来表示。

通过 PCA 得到滤波器之后,将滤波器作用于原始数据的训练集,得到第一个 PCA 的输出:

$$\mathfrak{T}_i^l = \boldsymbol{P}_i * \boldsymbol{W}_l^1, i = 1, 2, \cdots, N, l = 1, 2, \cdots, L_1, \tag{9-5}$$

其中 $*$ 是一个二维卷积,并且与 $\boldsymbol{W}_l^1$ 做卷积之前,$\boldsymbol{P}_i$ 的边界是零填充的。

在第二个 PCA 中,我们使用第一个 PCA 的输出 $\mathfrak{T}_i^l$ 作为第二个 PCA 的输入。与第一个 PCA 相似,采用上述方法可以得到第二个 PCA 学习到的滤波器 $\boldsymbol{W}_l^2 \in \mathrm{R}^{k_1 \times k_2}, l = 1, 2, \cdots, L_2$。然后用输入 $\mathfrak{T}_i^l$ 与新的滤波器 $\boldsymbol{W}_l^2$ 作用,得到输出如下:

$$\boldsymbol{O}_i^l = \{\mathfrak{T}_i^l * \boldsymbol{W}_l^2\}_{l=1}^{L_2}, i = 1, 2, \cdots, N, l = 1, 2, \cdots, L_1。 \tag{9-6}$$

在完成两个 PCA 之后,每一个训练样本 $\boldsymbol{P}_i$ 都会有 $L_1 L_2$ 个特征图。与传统的卷积神经网络一样,我们重复以上过程,去构造更多的 PCA。然后将训练样本

最后的特征图作为接下来哈希编码和直方图阶段的输入。

哈希编码和直方图阶段:在 PCA 阶段,我们利用 PCA 得到卷积核。由于特征值的大小不同,导致特征向量的重要性不同,也就是说卷积核的重要性不同。因此采用二值化哈希编码,并赋予一定的权重来平衡这个问题。最后通过直方图,将二值化哈希提取的特征进行统计,得到最后的特征。具体的过程如下:

首先,通过 $H(\mathfrak{T}_i^l * \boldsymbol{W}_l^2)$,二值化 PCA 阶段的输出 $\boldsymbol{O}_i^l$,其中 $H(x)$ 是一个函数,如果输入 $x>0$,它的值为 1;其他情况下,它的值为 0。然后,按照 2 的幂次方赋予权重,$\boldsymbol{O}_i^l$(L_2 个特征图)可以被转换成只有整数值的单个特征图:

$$\boldsymbol{T}_i^l = \sum_{l=1}^{L_2} 2^{l-1} H(\mathfrak{T}_i^l * \boldsymbol{W}_l^2), \tag{9-7}$$

其中 $\boldsymbol{O}_i^l$ 中整数值的范围是 $[0, 2^{L_2}-1]$,因为 $\sum_{l=1}^{L_2} 2^{l-1} = 2^{L_2}-1$。最后,将 L_1 个特征图 $\boldsymbol{T}_i^l, l=1,2,\cdots,L_1$ 划分成 B 个块,统计每个块中的数值大小,形成 B 个直方图。所有的 B 个直方图能够被拉成一个向量,称之为 $\text{Bhist}(\boldsymbol{T}_i^l)$。所有的 L_1 个向量拼接,形成最后的表示。这时,一幅输入图像可以被转换成一个向量 $\boldsymbol{f}_i$,也就是块状直方图集合:

$$\boldsymbol{f}_i = [\text{Bhist}(\boldsymbol{T}_i^1), \text{Bhist}(\boldsymbol{T}_i^2), \cdots, \text{Bhist}(\boldsymbol{T}_i^{L_1})]^{\mathrm{T}} \in \mathrm{R}^{(2^{L_2} L_1 B)}。 \tag{9-8}$$

9.2.2　线性判别分析网络

线性判别分析网络(Linear Discriminant Analysis Network,LDANet)是一个有监督的深度学习框架,它使用线性判别分析(Linear Discriminant Analysis,LDA)代替 PCA 去学习滤波器。与 PCA 相似,它也分为两个阶段:一个是使用 LDA 提取特征,堆栈深度结构的阶段;一个是哈希编码和直方图阶段,将 LDA 形成的特征重新编码、应用分类等问题。因为第二个阶段与 PCANet 一样,我们就不再重复。下面重点介绍利用 LDA 学习滤波器的过程。

假设 N 个训练样本被分为 C 类:$\{\boldsymbol{P}_i\}_{i \in S_c}, c=1,2,\cdots,C$,其中 S_c 表示第 c 类的样本集。与 PCANet 一样,我们首先得到一幅图像的减均值图像块的表示:$\bar{\boldsymbol{X}}_i \in \mathrm{R}^{k_1 k_2 \times N \tilde{m} \tilde{n}}, i \in S_c$。然后将它们按照类别合并到一起,并且求解每一类均值 $\boldsymbol{\Gamma}_c$ 以及每一类方差 $\boldsymbol{\Sigma}_c$:

$$\boldsymbol{\Gamma}_c = \sum_{i \in S_c} \bar{\boldsymbol{X}}_i / |S_c|, \quad \boldsymbol{\Sigma}_c = \sum_{i \in S_c} (\bar{\boldsymbol{X}}_i - \boldsymbol{\Gamma}_c)(\bar{\boldsymbol{X}}_i - \boldsymbol{\Gamma}_c)^{\mathrm{T}} / |S_c|, \tag{9-9}$$

其中 $|S_c|$ 表示着第 c 类的样本数目。

在得到每类样本的均值和方差之后，我们可以计算类内方差 S_w：

$$S_w = \sum_{i=1}^{C} \Sigma_c \, 。 \tag{9-10}$$

类似地，可以计算得到样本的类间方差 S_b：

$$S_b = \sum_{c=1}^{C} (\Sigma_c - \Sigma) (\Sigma_c - \Sigma)^{\mathrm{T}} / C , \tag{9-11}$$

其中 Σ 是所有样本的均值。

LDA 的目标函数是最大化类间方差，同时是最小化类内方差。这个想法可以通过求迹比实现。具体的计算公式如下：

$$\max_{U \in \mathrm{R}^{k_1 k_2 \times L_1}} \frac{Tr(U^{\mathrm{T}} S_b U)}{Tr(U^{\mathrm{T}} S_w U)} , \text{s. t. } U^{\mathrm{T}} U = I_{L_1} 。 \tag{9-12}$$

上述优化问题的解，是 $(S_w)^{-1} S_b$ 的前 L_1 个特征向量。所以，利用 LDA 求解的滤波器如下：

$$W_l^1 = \mathrm{mat}_{k_1, k_2} (q_l ((S_w)^{-1} S_b)) \in \mathrm{R}^{k_1 \times k_2} , l = 1, 2, \cdots, L_1 。 \tag{9-13}$$

与 PCANet 一样，可以堆栈多层的 LDA，再经过哈希编码和直方图统计，形成一个深度模型，去提取更加复杂和抽象的特征。

9.3 Fisher 主成分分析(FPCA)模型及其逼近模型

在这一节，我们首先介绍原始的 FPCA 模型。由于原始模型无法存储和计算，我们借助中间变量提出了 FPCA 的逼近模型。最后，通过堆栈 FPCA 的逼近模型，我们提出了一个网络，叫作 FPCANet，并且给出了它的训练过程。

9.3.1 FPCA 的原始模型

PCA 主要提取样本的主要特征，LDA 主要提取样本的判别特征。两者提取不同的特征，基于 PCANet 的框架，我们将 PCA 和 LDA 两者结合，提出了原始的 FPCA 模型。在原始的 FPCA 模型中，PCA 能够提供主要的特征信息，LDA 能够提供判别信息。为了简单地使用 Fisher 信息，我们使用减法去代替原始 LDANet 中的除法。我们最原始的想法和 Fisher 判别字典学习(FDDL)[146] 非常相近。FDDL 和 FPCA 模型的主要区别是数据的维度。数据在我们的模型 FP-

CA 中是两维的,而在 FDDL 中是一维的。

原始的 FPCA 模型的目标函数能够被写成如下公式:

$$\min_{\boldsymbol{U},\boldsymbol{V}} \frac{1}{2}\|\boldsymbol{X}-\boldsymbol{U}\boldsymbol{V}\|_F^2 + \frac{1}{2}\alpha\left(\sum_c \sum_{i\in S_c}\|\boldsymbol{V}_{ci}-\bar{\boldsymbol{V}}_c\|_F^2 - \beta\sum_c^C\|\bar{\boldsymbol{V}}_c-\bar{\boldsymbol{V}}\|_F^2\right), \quad (9\text{-}14)$$

其中 $\boldsymbol{X}$ 的具体形式在公式(9-1)被给出,$\boldsymbol{U}$ 是基(滤波器),$\boldsymbol{V}$ 是所有图像在这组基下的坐标表示。$\boldsymbol{V}_{ci}$ 是属于第 c 类第 i 个样本的坐标表示。$\bar{\boldsymbol{V}}_c$ 代表着第 c 类样本坐标表示的均值。$\bar{\boldsymbol{V}}$ 是每一类坐标表示$\bar{\boldsymbol{V}}_c$ 的均值。超参数 α 和 β 是两个惩罚系数。C 是样本类别的数目。

$$L_{S_1}(\boldsymbol{U},\boldsymbol{V}) = \frac{1}{2}\|\boldsymbol{X}-\boldsymbol{U}\boldsymbol{V}\|_F^2 + \frac{1}{2}\alpha\left(\sum_c^C \sum_{i\in S_c}\|\boldsymbol{V}_{ci}-\bar{\boldsymbol{V}}_c\|_F^2 - \beta\sum_c^C\|\bar{\boldsymbol{V}}_c-\bar{\boldsymbol{V}}\|_F^2\right).$$

$$(9\text{-}15)$$

L_{S_1} 的第一项包含了样本的主要特征信息,L_{S_1} 的第二项提供了样本的判别信息。为了表示方便,我们给出以下符号的表示:

$$\boldsymbol{A}_{ci}=[\boldsymbol{O}_{p\times p(\sum_{j=1}^{c-1}|S_j|+i-1)},\boldsymbol{I}_P,\boldsymbol{O}_{p\times p(\sum_{j=c}^C|S_j|-i)}]^T, \quad (9\text{-}16)$$

$$\boldsymbol{A}_c=[\boldsymbol{O}_{p\times p(\sum_{j=1}^{c-1}|S_j|)},<\boldsymbol{I}_P>^{S_c},\boldsymbol{O}_{p\times p(\sum_{j=c+1}^C|S_j|)}]^T, \quad (9\text{-}17)$$

$$\boldsymbol{A}=[\boldsymbol{I}_P{}^N]^T, \quad (9\text{-}18)$$

其中 $\boldsymbol{O}_{p\times p(\sum_{j=1}^{c-1}|S_j|+i-1)}$ 是一个零矩阵,它的第一个维度是 p(一个样本包含的图像块的数目),它的第二个维度是 $p\left(\sum_{j=1}^{c-1}|S_j|+i-1\right)$。 $\boldsymbol{I}_p$ 是一个 p 的单位矩阵,$<\boldsymbol{I}_p>^N$ 代表着 N 个单位矩阵按照行排列到一起,即$<\boldsymbol{I}_p>^N=[\boldsymbol{I}_p,\boldsymbol{I}_p,\cdots,\boldsymbol{I}_p]\in\mathbb{R}^{p\times p^N}$。现在,我们重新表示 $L_{s_1}(\boldsymbol{U},\boldsymbol{V})$ 如下:

$$Ls_1(\boldsymbol{U},\boldsymbol{V}) = \frac{1}{2}\|\boldsymbol{X}-\boldsymbol{U}\boldsymbol{V}\|_F^2 + \frac{1}{2}\alpha\left(\sum_c^C \sum_{i\in S_c}\left\|\boldsymbol{V}\boldsymbol{A}_{ci}-\boldsymbol{V}\frac{\boldsymbol{A}_c}{|S_c|}\right\|_F^2\right.$$

$$\left.-\beta\sum_c^C\left\|\boldsymbol{V}\frac{\boldsymbol{A}_c}{|S_c|}-\boldsymbol{V}\frac{\boldsymbol{A}}{N}\right\|_F^2\right), \quad (9\text{-}19)$$

其中$|S_c|$是第 c 类样本的数目,并且$\sum|S_c|=N$。N 是所有样本的数目。

通过设置$L_{S_1}(\boldsymbol{U},\boldsymbol{V})$关于 $\boldsymbol{U}$ 和 $\boldsymbol{V}$ 的梯度分别为零,我们有

$$\frac{\partial L_{S_1}(\boldsymbol{U},\boldsymbol{V})}{\partial \boldsymbol{U}} = (\boldsymbol{U}\boldsymbol{V}-\boldsymbol{X})\boldsymbol{V}^T=0, \quad (9\text{-}20)$$

$$\frac{\partial L_{S_1}(\boldsymbol{U},\boldsymbol{V})}{\partial \boldsymbol{V}} = \boldsymbol{U}^{\mathrm{T}}(\boldsymbol{U}\boldsymbol{V}-\boldsymbol{X}) + \alpha \boldsymbol{V}(\boldsymbol{L}_W - \beta \boldsymbol{L}_B) = 0, \tag{9-21}$$

其中 $\boldsymbol{L}_W$ 和 $\boldsymbol{L}_B$ 的定义如下：

$$\boldsymbol{L}_W = \sum_c \sum_i (\boldsymbol{A}_{ci} - \frac{\boldsymbol{A}_c}{|\boldsymbol{S}_c|})(\boldsymbol{A}_{ci} - \frac{\boldsymbol{A}_c}{|\boldsymbol{S}_c|})^{\mathrm{T}}, \tag{9-22}$$

$$\boldsymbol{L}_B = \sum_c \sum_i (\frac{\boldsymbol{A}_c}{|\boldsymbol{S}_c|} - \frac{\boldsymbol{A}}{N})(\frac{\boldsymbol{A}_c}{|\boldsymbol{S}_c|} - \frac{\boldsymbol{A}}{N})^{\mathrm{T}}. \tag{9-23}$$

因此，我们得到原始 FPCA 模型的解如下：

$$\boldsymbol{U} = \boldsymbol{X}\boldsymbol{V}^{\mathrm{T}}(\boldsymbol{V}\boldsymbol{V}^{\mathrm{T}})^{-1}, \tag{9-24}$$

$$\boldsymbol{U}^{\mathrm{T}}\boldsymbol{U}\boldsymbol{V} + \alpha \boldsymbol{V}(\boldsymbol{L}_W - \beta \boldsymbol{L}_B) = \boldsymbol{U}^{\mathrm{T}}\boldsymbol{X}. \tag{9-25}$$

9.3.2 FPCA 的逼近模型

在原始的 FPCA 模型中，我们可以发现公式(9-25)实际上是一个关于 $\boldsymbol{V}$ 的西尔维斯特方程，但是矩阵 $\boldsymbol{L}_W$ 和 $\boldsymbol{L}_B$ 的大小都是 $pN \times pN$。当 N(训练样本的数目)变大时，$\boldsymbol{L}_W$ 和 $\boldsymbol{L}_B$ 会变得非常巨大，而不能存储在一般电脑的内存中。为了解决这个问题，我们借助一个中间变量，修改了原始 FPCA 的优化目标函数，提出了 FPCA 的逼近模型。这个中间变量称之为 $\hat{\boldsymbol{V}}_c$，$\hat{\boldsymbol{V}}_c$ 在某种程度上可以看成是第 c 类样本的均值。但是 $\hat{\boldsymbol{V}}_c$ 是未知的，需要迭代更新。FPCA 逼近模型的具体形式如下：

$$\min_{\boldsymbol{U},\boldsymbol{V},\hat{\boldsymbol{V}}_c} \frac{1}{2}\|\boldsymbol{X}-\boldsymbol{U}\boldsymbol{V}\|_F^2 + \frac{1}{2}\alpha(\sum_c \sum_i \|\boldsymbol{V}_{ci}-\hat{\boldsymbol{V}}_c\|_F^2 - \beta \sum_c \|\hat{\boldsymbol{V}}_c - \hat{\boldsymbol{V}}\|_F^2),$$

$$\tag{9-26}$$

其中 $\hat{\boldsymbol{V}}$ 是 $\hat{\boldsymbol{V}}_c$ 的均值。为了表示方便，我们简化上述优化目标为：

$$L_{S_2}(\boldsymbol{U},\boldsymbol{V},\hat{\boldsymbol{V}}_c) = \frac{1}{2}\|\boldsymbol{X}-\boldsymbol{U}\boldsymbol{V}\|_F^2 + \frac{1}{2}\alpha(\sum_c \sum_i \|\boldsymbol{V}_{ci}-\hat{\boldsymbol{V}}\boldsymbol{B}_c\|_F^2$$

$$-\beta \sum_c \left\||\hat{\boldsymbol{V}}\boldsymbol{B}_c - \hat{\boldsymbol{V}}\frac{\boldsymbol{B}}{C}\right\|_F^2), \tag{9-27}$$

其中

$$\hat{\boldsymbol{V}} = [\hat{\boldsymbol{V}}_1, \hat{\boldsymbol{V}}_2, \cdots, \hat{\boldsymbol{V}}_c], \tag{9-28}$$

$$\boldsymbol{B}_c = [\boldsymbol{O}_{P\times P(c-1)}, \boldsymbol{I}_P, \boldsymbol{O}_{P\times P(C-c)}]^{\mathrm{T}}, \tag{9-29}$$

$$\boldsymbol{A} = [<\boldsymbol{I}_P>^C]^{\mathrm{T}}. \tag{9-30}$$

紧接着，我们计算以上目标函数关于 $\boldsymbol{U}$、$\boldsymbol{V}$、$\hat{\boldsymbol{V}}$ 的梯度，然后有

$$\frac{\partial L_{s_2}(\boldsymbol{U},\boldsymbol{V},\widehat{\boldsymbol{V}_c})}{\partial \boldsymbol{U}}=(\boldsymbol{X}-\boldsymbol{U}\boldsymbol{V})\boldsymbol{V}^{\mathrm{T}}=0, \tag{9-31}$$

$$\frac{\partial L_{s_2}(\boldsymbol{U},\boldsymbol{V},\widehat{\boldsymbol{V}_c})}{\partial \boldsymbol{V}}=-\boldsymbol{U}^{\mathrm{T}}\boldsymbol{X}+\boldsymbol{U}^{\mathrm{T}}\boldsymbol{U}\boldsymbol{V}+\alpha(\boldsymbol{V}-\widehat{\boldsymbol{V}}\boldsymbol{T})=0, \tag{9-32}$$

$$\frac{\partial L_{s_2}(\boldsymbol{U},\boldsymbol{V},\widehat{\boldsymbol{V}_c})}{\partial \widehat{\boldsymbol{V}}}=\alpha(\widehat{\boldsymbol{V}}\boldsymbol{T}\boldsymbol{T}^{\mathrm{T}}-\boldsymbol{V}\boldsymbol{T}^{\mathrm{T}}-\beta\widehat{\boldsymbol{V}}\boldsymbol{L}_{BC})=0, \tag{9-33}$$

其中

$$\boldsymbol{T}=[<\boldsymbol{A}>_{c\,c=1}^{C}]^{\mathrm{T}}, \tag{9-34}$$

$$\boldsymbol{L}_{BC}=\sum_c(\boldsymbol{B}_c-\frac{\boldsymbol{B}}{C})(\boldsymbol{B}_c-\frac{\boldsymbol{B}}{C})^{\mathrm{T}}。 \tag{9-35}$$

因此,我们有优化问题(9—26)的解:

$$\boldsymbol{U}=\boldsymbol{X}\boldsymbol{V}^{\mathrm{T}}(\boldsymbol{V}\boldsymbol{V}^{\mathrm{T}})^{-1}, \tag{9-36}$$

$$\boldsymbol{V}=(\boldsymbol{U}^{\mathrm{T}}\boldsymbol{U}+\alpha\boldsymbol{I})^{-1}(\boldsymbol{U}^{\mathrm{T}}\boldsymbol{X}+\alpha\widehat{\boldsymbol{V}}\boldsymbol{T}), \tag{9-37}$$

$$\widehat{\boldsymbol{V}}=(\boldsymbol{V}\boldsymbol{T}^{\mathrm{T}})(\boldsymbol{T}\boldsymbol{T}^{\mathrm{T}}-\beta\boldsymbol{L}_{BC})^{-1}。 \tag{9-38}$$

基于以上讨论,我们可以看出 FPCA 逼近模型,借助中间变量 $\widehat{\boldsymbol{V}_c}$,使用了 $\boldsymbol{L}_{BC}$ 去代替 $\boldsymbol{L}_W$ 和 $\boldsymbol{L}_B$。并且 $\boldsymbol{L}_{BC}$ 的大小是 $pC\times pC$,其中 p 是一个样本转换为图像块的数目,C 是训练样本的类别数目。逼近模型将矩阵的维度从 pN 降低到 pC,使得 FPCA 逼近模型的参数可以在一般的电脑中存储。最后,在算法 9-1 中,我们总结了 FPCA 逼近模型获取 FPCA 滤波器的主要算法步骤。

Input:训练样本 $\boldsymbol{X}$;

　　　　惩罚系数 α 和 β;

　　　　滤波器个数 L。

Output:滤波器 $\boldsymbol{W}=[\boldsymbol{W}_1,\boldsymbol{W}_2,\cdots,\boldsymbol{W}_L]$。

1　步骤 1:

2　　初始化 $\boldsymbol{U}$:使用公式(4-3);

3　　初始化 $\boldsymbol{V}$:使用 $\boldsymbol{V}=(\boldsymbol{U}^{\mathrm{T}}\boldsymbol{U})^{-1}\boldsymbol{U}^{\mathrm{T}}\boldsymbol{X}$。

4　步骤 2:

5　　如果不收敛:

6　　　使用公式(4-16)更新 $\widetilde{\boldsymbol{V}}$;

7　　　使用公式(4-14)更新 $\boldsymbol{U}$;

8　　　使用公式(4-15)更新 $\boldsymbol{V}$。

9　步骤 3：

10　　$\boldsymbol{W}_i = \text{mat}_{k_1,k_2}(\boldsymbol{U}_{:,i}), i=1,2,\cdots,L$。

11　步骤 4：

12　　返回滤波器组 $\boldsymbol{W}$。

算法 9-1　FPCA 逼近模型算法

9.3.3　FPCANet 的结构

不同于 PCA，FPCA 逼近模型优化了获得滤波器的方法，使得新的滤波器既包含特征的主要信息，也包括特征的判别信息。我们使用 FPCA 的逼近模型去训练，得到每一个 FPCA 中的滤波器，然后堆栈成一个深度模型，称之为引入 Fisher 信息的主成分分析网络(Fisher Principal Component Analysis Network，FPCANet)。

FPCANet 有着与 PCANet 一样的网络结构，并且具体的训练过程如下：首先，我们使用逼近模型去获得第一个 FPCA 的滤波器，并将此滤波器与输入图像做卷积，得到的特征图作为第二个 FPCA 的输入。依次类推，我们能够建立 FP-CANet 的深度结构。然后，再经过哈希编码和直方图阶段，我们就得到了整个网络输出特征。这些输出特征可以被用在许多任务上。比如，用这些特征作为线性支持向量机(Support Vector Machine，SVM)的输入，去做分类实验。算法 9-2 展示了 FPCANet 被用来做分类的训练过程。

Input：原始训练样本 $\boldsymbol{P}$；

　　　　FPCA 的数目 N_l；

　　　　第 i 个 FPCA 的惩罚系数 α_i 和 β_i，$i=1,2,\cdots,N_l$；

　　　　第 i 个 FPCA 的滤波器数目 L_i，$i=1,2,\cdots,N_l$。

Output：分类结果。

1　步骤 1：

2　　取 $\boldsymbol{X}_1 = \boldsymbol{P}$。

3　步骤 2：

4　　**For** $i=1:N_l$；

5　　　$\boldsymbol{W}_i = \text{FPCA}(\boldsymbol{X}_i, \alpha_i, \beta_i, L_i)$；

6　　　$\boldsymbol{X}_{i+1} = \boldsymbol{X}_i * \boldsymbol{W}_i$；

7	**EndFor**
8	步骤 3:
9	以 X_{N_l+1} 为输入经过哈希编码和直方图统计,得到最终块状直方图表示。
10	步骤 4:
11	将块状直方图表示作为输入,训练线性 SVM。
12	步骤 5:
13	返回分类结果。

算法 9-2　FPCANet 用作分类的训练过程

9.4　FPCA 模型分析

在上一部分,我们展示了原始 FPCA 模型由于超大矩阵的存在不能优化计算,然后我们给出一个可以实际计算的 FPCA 逼近模型。在这一部分,我们主要研究了原始 FPCA 模型与它的逼近模型的关系。这等价于讨论优化问题(9-14)和优化问题(9-26)之间的关系。对于 FPCA 的逼近模型,我们也给出了一个收敛性分析。

9.4.1　FPCA 模型与逼近模型的等价性研究

因为优化问题(9-26)使用了临时变量 $\tilde{V}$,所以我们在这里分析了优化问题(9-14)和优化问题(9-26)之间的关系。优化问题(9-14)的解是公式(9-24)和公式(9-25),并且优化问题(9-26)的解是公式(9-36)、公式(9-37)以及公式(9-38)。因此,当优化问题(9-14)与优化问题(9-26)的解相同时,两个优化问题等价。具体的分析过程如下:

定理 9.1　当 $\beta=0$,优化问题(9-14)与优化问题(9-26)是等价的。

证明　我们将 $\tilde{V}$(公式 9-38)代入公式(9-37),然后得到以下公式:

$$U^\mathrm{T}UV + \alpha V(I_{pN} - T^\mathrm{T}(TT^\mathrm{T} - \beta L_{BC})^{-1}T) = U^\mathrm{T}X 。 \tag{9-39}$$

当 $\beta=0$,对比公式(9-24)、公式(9-25)以及公式(9-36)、公式(9-39),我们发现只需要证明以下等式成立,就可以证明两个优化问题等价。

$$L_W = I_{pN} - T^{\mathrm{T}}(TT^{\mathrm{T}})^{-1}T_\circ \tag{9-40}$$

基于符号〈〉的定义,很容易得到以下的三个公式:

$$\langle A_{ci} \rangle_{c,i} = \langle A_{c,i} \rangle_{c=1,i=1}^{C,|S_c|} = [\langle A_{1,i} \rangle_{i=1}^{|S_1|}, \langle A_{2,i} \rangle_{i=1}^{|S_2|}, \cdots, \langle A_{C,i} \rangle_{i=1}^{|S_C|}] = I_{Np}, \tag{9-41}$$

$$\langle \frac{A_c}{|S_c|} \rangle_{c,i} = \langle \frac{A_c}{|S_c|} \rangle_{c=1,i=1}^{C,|S_c|} = \langle \underbrace{[\frac{A_c}{|S_c|}, \frac{A_c}{|S_c|}, \cdots, \frac{A_c}{|S_c|}]}_{|S_c|} \rangle_{c=1}^{C}, \tag{9-42}$$

$$\langle \frac{A_c}{|S_c|} \rangle_{c,i} \langle \frac{A_c}{|S_c|} \rangle_{c,i}^{\mathrm{T}} = \langle \frac{A_c}{|S_c|} \rangle_{c,i} = \langle \frac{A_c}{|S_c|} \rangle_{c,i}^{\mathrm{T}}_\circ \tag{9-43}$$

然后公式(9-22)可以被简化成

$$\begin{aligned}
L_W &= \sum_c \sum_i (A_{ci} - \frac{A_c}{|S_c|})(A_{ci} - \frac{A_c}{|S_c|})^{\mathrm{T}} \\
&= \langle A_{ci} - \frac{A_c}{|S_c|} \rangle_{c,i} \langle A_{ci} - \frac{A_c}{|S_c|} \rangle_{c,i}^{\mathrm{T}} \\
&= (\langle A_{ci} \rangle_{c,i} - \langle \frac{A_c}{|S_c|} \rangle_{c,i})(\langle A_{ci} \rangle_{c,i} - \langle \frac{A_c}{|S_c|} \rangle_{c,i})^{\mathrm{T}} \\
&= (I_{pN} - \langle \frac{A_c}{|S_c|} \rangle_{c,i})(I_{Np} - \langle \frac{A_c}{|S_c|} \rangle_{c,i})^{\mathrm{T}} \\
&= I_{pN} - 2\langle \frac{A_c}{|S_c|} \rangle_{c,i}^{\mathrm{T}} + \langle \frac{A_c}{|S_c|} \rangle_{c,i} \langle \frac{A_c}{|S_c|} \rangle_{c,i}^{\mathrm{T}} \\
&= I_{pN} - \langle \frac{A_c}{|S_c|} \rangle_{c,i}^{\mathrm{T}}_\circ
\end{aligned} \tag{9-44}$$

对比公式(9-40)和公式(9-44),我们发现只需要证明

$$\langle \frac{A_c}{|S_c|} \rangle_{c,i}^{\mathrm{T}} = T^{\mathrm{T}}(TT^{\mathrm{T}})^{-1}T_\circ \tag{9-45}$$

因为

$$T = [\langle A_c \rangle_{c=1}^{C}]^{\mathrm{T}}, \tag{9-46}$$

$$A_{c1}^{\mathrm{T}}A_{c2} = \begin{cases} |S_{c1}|I_p, & c_1 = c_2, \\ O_p, & c_1 \neq c_2, \end{cases} \tag{9-47}$$

$$A_c A_c^{\mathrm{T}} = [O_{pN \times p(\sum_{j=1}^{c-1}|S_j|)}, \langle A_c \rangle^{|S_c|}, O_{p \times p(\sum_{j=c+1}^{c}|S_j|)}]^{\mathrm{T}}, \tag{9-48}$$

所以

$$([\langle A_c \rangle_{c=1}^{C}]^{\mathrm{T}} \langle A_c \rangle_{c=1}^{C})^{-1} = \begin{bmatrix} |S_1|I_p & 0 & \cdots & 0 \\ 0 & |S_2|I_p & \cdots & 0 \\ \vdots & \vdots & \ddots & \vdots \\ 0 & 0 & \cdots & |S_C|I_p \end{bmatrix}^{-1}$$

$$= \begin{bmatrix} \dfrac{1}{|S_1|}\boldsymbol{I}_p & 0 & \cdots & 0 \\ 0 & \dfrac{1}{|S_2|}\boldsymbol{I}_p & \cdots & 0 \\ \vdots & \vdots & \ddots & \vdots \\ 0 & 0 & \cdots & \dfrac{1}{|S_C|}\boldsymbol{I}_p \end{bmatrix}。 \quad (9\text{-}49)$$

我们可以得到：

$$\boldsymbol{T}^{\mathrm{T}}(\boldsymbol{T}\boldsymbol{T}^{\mathrm{T}})^{-1}\boldsymbol{T} = \langle\boldsymbol{A}_c\rangle_{c=1}^{C}([\langle\boldsymbol{A}_c\rangle_{c=1}^{C}]^{\mathrm{T}}\langle\boldsymbol{A}_c\rangle_{c=1}^{C})^{-1}[\langle\boldsymbol{A}_c\rangle_{c=1}^{C}]^{\mathrm{T}}$$

$$= [\boldsymbol{A}_1,\boldsymbol{A}_2,\cdots,\boldsymbol{A}_c] \begin{bmatrix} \dfrac{1}{|S_1|}\boldsymbol{I}_p & 0 & \cdots & 0 \\ 0 & \dfrac{1}{|S_2|}\boldsymbol{I}_p & \cdots & 0 \\ \vdots & \vdots & \ddots & \vdots \\ 0 & 0 & \cdots & \dfrac{1}{|S_C|}\boldsymbol{I}_p \end{bmatrix} \begin{bmatrix} \boldsymbol{A}_1^{\mathrm{T}} \\ \boldsymbol{A}_2^{\mathrm{T}} \\ \vdots \\ \boldsymbol{A}_C^{\mathrm{T}} \end{bmatrix}$$

$$= \left[\dfrac{\boldsymbol{A}_1}{|S_1|}, \dfrac{\boldsymbol{A}_2}{|S_2|}, \cdots, \dfrac{\boldsymbol{A}_c}{|S_c|} \right] \begin{bmatrix} \boldsymbol{A}_1^{\mathrm{T}} \\ \boldsymbol{A}_2^{\mathrm{T}} \\ \vdots \\ \boldsymbol{A}_C^{\mathrm{T}} \end{bmatrix} \quad (9\text{-}50)$$

$$= \sum_{c=1}^{C} \dfrac{\boldsymbol{A}_c\boldsymbol{A}_c^{\mathrm{T}}}{|S_c|}$$

$$= \langle \dfrac{\boldsymbol{A}_c}{|S_c|} \rangle_{c,i}^{\mathrm{T}}。$$

因此　　　　　　　　$\langle \dfrac{\boldsymbol{A}_c}{|S_c|} \rangle_{c,i}^{\mathrm{T}} = \boldsymbol{T}^{\mathrm{T}}(\boldsymbol{T}\boldsymbol{T}^{\mathrm{T}})^{-1}\boldsymbol{T}。$ 　　　(9-51)

定理 4.1 证明了特定条件下，原始的 FPCA 模型以及其逼近模型的等价性。具体地说，当 $\beta=0$ 时，FPCA 的逼近模型等价于其原始模型。

9.4.2　FPCA 逼近模型的收敛性分析

在这一部分，我们提供了 FPCA 逼近模型的收敛性分析，具体的结果在定理 9.2 中展示。

定理 9.2 L_{S_2} 对 U,V 一直是凸的,并且当 $\beta \leqslant \min_c |S_c|$ 时,L_{S_2} 对 $\widetilde{V}$ 也是凸的。

证明 取 u_i 是矩阵 U 的第 i 个行向量,x_i^r 是矩阵 X 的第 i 个行向量。然后我们有

$$\frac{\partial L_{S_2}}{\partial u_i} = -V(x_i^r - V^T u_i), \frac{\partial^2 L_{S_2}}{\partial u_i^2} = VV^T。 \tag{9-52}$$

从上述公式中可以看出,L_{S_2} 关于 u_i 的导数是与矩阵 U 中其他行独立的,并且 VV^T 是一个半正定矩阵,所以 L_{S_2} 关于 U 是凸的。

取 v_j 是矩阵 V 的第 j 个列向量,x_j^c 是矩阵 X 的第 j 个列向量,并且 t_j 是矩阵 T 的第 j 个列向量。然后我们有

$$\frac{\partial L_{S_2}}{\partial v_j} = -U^T(x_j^c - Uv_j) + \alpha(v_j - \widetilde{V}t_j), \frac{\partial^2 L_{S_2}}{\partial v_j^2} = U^T U + \alpha I。 \tag{9-53}$$

类似于 U,L_{S_2} 关于 v_j 是与 V 中的其他列相对独立的,并且当 $\alpha > 0$ 时,$U^T U + \alpha I$ 是一个正定矩阵,因此 L_{S_2} 对 V 也是凸的。

取 v_j 是矩阵 V 的第 i 个行向量,$\widetilde{v}_i$ 是矩阵 $\widetilde{V}$ 的第 i 个行向量。然后有

$$\frac{\partial L_{S_2}}{\partial \widetilde{v}_i} = \alpha(TT^T \widetilde{v}_i - Tv_i - \beta L_{BC} \widetilde{v}_i), \frac{\partial^2 L_{S_2}}{\partial \widetilde{v}_i^2} = \alpha(TT^T - \beta L_{BC})。 \tag{9-54}$$

我们简化 TT^T 和 L_{BC} 如下:

$$\begin{aligned}
L_{BC} &= \sum_c (B_c - \frac{B}{C})(B_c - \frac{B}{C})^T \\
&= \langle B_c - \frac{B}{C} \rangle_c \langle B_c - \frac{B}{C} \rangle_c^T \\
&= (\langle B_c \rangle_c - \langle \frac{B}{C} \rangle_c)(\langle B_c \rangle_c - \langle \frac{B}{C} \rangle_c)^T \\
&= (I_{cp} - \langle \frac{B}{C} \rangle_c)(I_{cp} - \langle \frac{B}{C} \rangle_c)^T \\
&= I_{cp} - 2\langle \frac{B}{C} \rangle_c + \langle \frac{B}{C} \rangle_c \langle \frac{B}{C} \rangle_c^T \\
&= I_{cp} - \langle \frac{B}{C} \rangle_c,
\end{aligned} \tag{9-55}$$

$$TT^T = [\langle A_c \rangle_{c=1}^C]^T \langle A_c \rangle_{c=1}^C = \begin{bmatrix} |S_1|I_p & 0 & \cdots & 0 \\ 0 & |S_2|I_p & \cdots & 0 \\ \vdots & \vdots & \ddots & \vdots \\ 0 & 0 & \cdots & |S_C|I_p \end{bmatrix}。 \tag{9-56}$$

因此

$$(\boldsymbol{TT}^{\mathrm{T}}-\beta(\boldsymbol{I}_{cp}-\langle\frac{\boldsymbol{B}}{\boldsymbol{C}}\rangle_c))=(\boldsymbol{TT}^{\mathrm{T}}-\min_c|S_c|\boldsymbol{I}_{cp})+((\min_c|S_c|-\beta)\boldsymbol{I}_{cp}+\beta\langle\frac{\boldsymbol{B}}{\boldsymbol{C}}\rangle_c).$$

$$(9\text{-}57)$$

明显地,$(\boldsymbol{TT}^{\mathrm{T}}-\min_c|S_c|\boldsymbol{I}_{cp})$ 是一个对角矩阵,并且主对角线上的值大于 0。因此 $(\boldsymbol{TT}^{\mathrm{T}}-\min_c|S_c|\boldsymbol{I}_{cp})$ 是一个正定矩阵。

此时,我们只需要证明 $((\min_c|S_c|-\beta)\boldsymbol{I}_{cp}+\beta\langle\frac{\boldsymbol{B}}{\boldsymbol{C}}\rangle_c)$ 也是一个正定矩阵即可。现在我们通过计算其特征值来证明它。

因为 $\mathrm{eig}((\min_c|S_c|-\beta)\boldsymbol{I}_{cp}+\beta\langle\frac{\boldsymbol{B}}{\boldsymbol{C}}\rangle_c)=\min_c|S_c|-\beta+\mathrm{eig}(\beta\langle\frac{\boldsymbol{B}}{\boldsymbol{C}}\rangle_c)$,并且 $\beta\langle\frac{\boldsymbol{B}}{\boldsymbol{C}}\rangle_c$ 的特征值是 0 和 C。因此 $((\min_c|S_c|-\beta)\boldsymbol{I}_{cp}+\beta\langle\frac{\boldsymbol{B}}{\boldsymbol{C}}\rangle_c)$ 的最小特征值是 $(\min_c|S_c|-\beta)$。

当 $\beta\leqslant\min_c|S_c|$ 时,$\dfrac{\partial^2 L_{S_2}}{\partial\widetilde{\boldsymbol{v}}_i^2}=\alpha(\boldsymbol{TT}^{\mathrm{T}}-\beta\boldsymbol{L}_{BC})$ 是半正定的矩阵,即此时 L_{S_2} 对 $\widetilde{\boldsymbol{V}}$ 是一个凸函数。

定理 9.2 给出了 FPCA 逼近模型的收敛性分析。条件 $\beta\leqslant\min_c|S_c|$ 意味着超参数 β 小于等于每类的样本数目。L_{S_2} 对 $\boldsymbol{U},\boldsymbol{V}$ 永远是凸的;当条件满足时,对 $\widetilde{\boldsymbol{V}}$ 是凸的。

9.5　FPCANet 的实验结果

在这一节,为了检验 FPCANet 的有效性,我们在大量数据集上做了实验,比如 MNIST、MNIST 的变体、人脸识别数据集等。通过实验,我们对比了 FPCA-Net 和其他许多优秀的深度学习模型,并进一步验证了上一节中的理论分析。实验结果也证明了 FPCANet 相比于很多深度模型要优秀,尤其是 PCANet 和 LDANet。

9.5.1　MNIST 及其变体

在这部分,我们主要做了手写体数据集 MNIST 及其变体的实验。MNIST

数据集[131]是模式识别领域最流行的数据集,其包含了 60 000 个训练样本、10 000 个测试样本。每个样本是一幅 28×28 的灰度图像,其内容是 0～9 的数字。MNIST 变体数据集[133]引入了更多的控制变量到原始 MNIST 数据集,比如 rot 变体引入了旋转,bg-rand 变体在背景上引入了随机噪声,bg-img 变体在背景上引入了其他图像噪声,bg-img-rot 变体在背景上既引入了随机噪声也引入了图像噪声。这些变体使得手写体识别这个问题变得更加有挑战性。每一个 MNIST 变体数据集都分为训练集、验证集、测试集,其大小分别为 10 000、2000、50 000,并且所有样本的大小是 28×28。具体地,使用过的数据集属性被总结在表 9-1 中。我们还以标签是 0 的样本,在图 9-2 中展示了 MNIST 变体数据集的图像。

表 9-1　MNIST 变体数据集的详细描述

MNIST 变体数据集名称	数据集描述	样本类别数	样本图像大小	训练集-验证集-测试集数目
basic	MNIST 子集	10	28×28	10 000-2000-50 000
rot	MNIST 加旋转	10	28×28	10 000-2000-50 000
bg-rand	MNIST 加背景噪声	10	28×28	10 000-2000-50 000
bg-img	MNIST 加背景图片	10	28×28	10 000-2000-50 000
bg-img-rot	MNIST 加旋转和背景图片	10	28×28	10 000-2000-50 000

 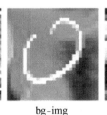 

rot　　　　bg-rand　　　　bg-img　　　　bg-img-rot

图 9-2　以标签是 0 的样本为例,展示手写体变体数据集

在实验中,我们对 FPCANet 和许多其他优秀的深度学习算法进行比较。这些深度学习算法包括 HSC[172]、KNNSCM[173]、KNNIDM[174]、CDBN[55]、Conv-Net[175]、Stochastic pooling ConvNet[176]、Conv. Maxout＋Dropout[177]、ScatNet-2 (SVMS$_{rbf}$)[140]以及 PCANet[141]。为了公平的对比,所有的方法没有使用数据增强技术。与 PCANet 一样,FPCANet-1 代表着有一个 FPCA,FPCANet-2 代表着有两个 FPCA。重要的是,PCANet 和 LDANet 使用了它们最优的超参数,而

FPCANet 没有筛选,采用了和它们相同的超参数。具体如下:(1)两个 FPCA 阶段的图像块(滤波器)大小是 $k_1=7,k_2=7$;(2)每个 FPCA 阶段的滤波器数目是 $L_1=8,L_2=8$;(3)在直方图阶段,块的大小是 7×7,并且块与块之间的重叠比率是 0.5(影响块的数目)。为了快速地计算 FPCANet-2,第一个阶段用 FPCA 逼近模型训练,第二个阶段用 PCA 训练。至于第一个 FPCA 阶段的惩罚系数 α 和 β,被分别设置为 $\alpha=0.05,\beta=0$。这满足定理 9.1 的条件。

表 9-2 展示了我们的方法 FPCANet 和其他方法对比的实验结果。表中的错误率是被错误分类的测试样本占总测试样本的比例。通过过表 9-2,我们可以看出,相比于原始的 PCANet 和 LDANet,我们的算法 FPCANet 取得了巨大的进步。并且 FPCANet-2 比优秀的 ConvNet[175] 算法稍好。这证明了我们最初的想法,结合特征的主要信息和判别信息,对特征提取非常有益。还有,在图 9-3,我们可视化了第一个 FPCA 的 L_{S_2}。通过它,我们可以看到 FPCA 逼近模型有很好的收敛性,这与定理 9.2 的内容相一致。

表 9-2　许多优秀算法在标准 MNIST 上的错误率

方法名称	MNIST 数据集
HSC[172]	0.77
K-NN-SCM[173]	0.63
K-NN-IDM[174]	0.54
CDBN[55]	0.82
ConvNet[175]	0.53
Stochastic pooling ConvNet[176]	0.47
Conv. Maxout＋Dropout[177]	0.45
ScatNet-2(SVMr$_{bf}$)[140]	0.43
RandNet-1	1.32
RandNet-2[141]	0.63
PCANet-1	0.94
PCANet-2	0.66
LDANet-1	0.98
LDANet-2[141]	0.62
FPCANet-1	0.77
FPCANet-2	0.52

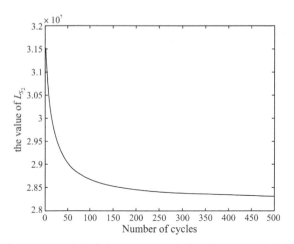

图 9-3 在标准的 MNIST 数据集上 FPCANet 的第一个 FPCA 逼近模型的损失L_{S_2}

在图 9-4 中,我们分析了参数选择。通过公式(9-27),我们发现 α 是一个权重系数,用来衡量特征的主要信息与判别信息的重要性;β 也是一个权重系数,用来衡量类内信息与类间信息的重要性。图 9-4 中(a)图描述了当 $\beta=0$(最优参数之一)时,FPCANet 在 MNIST 上的错误率伴随着 α 的变化;图 9-4 中(b)图描述了当 $\alpha=0.05$(最优参数)时,FPCANet 在 MNIST 上的错误率伴随着 β 的变化。当然,所有的参数满足定理 9.2。通过这些结果来看,我们可以看到 α 是至关重要的,必须仔细选择。因为 α 的最优参数值是小于 1,因此也验证了我们的假设:

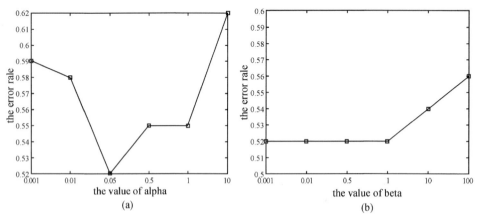

(a)展示了当 $\beta=0$,错误率伴随着 α 的变化;(b)展示了当 $\alpha=0.05$,错误率伴随着 β 的变化。

图 9-4 在标准的 MNIST 数据集上,针对 FPCANet-2 的分类错误率,

FPCANet-2 的第一个 FPCA 的参数分析

PCA 提供了特征的主要信息，LDA 只能提供辅助的判别信息。这也是即使 LDANet 使用了标签信息，而 PCANet 没有使用这些信息，LDANet 的效果也没有 PCANet 的效果好的可能原因。另一方面，当 β 小于 1 时，错误率是最优的；但是当 β 大于 1 时，实验效果明显变差。这也意味着数据的类内信息相比于类间信息更重要。

在所有的手写体变体中，根据验证集的实验结果，超参数的设置如下：图像块的大小、滤波器的个数与 MNIST 数据集一样。直方图中的块大小从 $\{7\times7,8\times8,10\times10\}$ 中选择；块的重叠比例从 $\{0.3,0.5,0.6\}$ 中选择，还有 FPCANet 中额外的参数 α，β 分别从下面的序列 $\{10^{-2},5\times10^{-2},10^{-1},5\times10^{-1},1\}$ 和 $\{0,10^{-4},10,10^{-2},10^{-1}\}$ 中选择。

表 9-3 展示了许多优秀的深度学习算法在手写体变体上的实验结果。通过表 9-3 可以看到，我们的算法 FPCANet2 取得了优秀的结果，并且显著的比其他算法好。尤其是，对比于 PCANet2 和 LDANet2，FPCANet 的分类错误率的降低在图 9-5 中被展示。特别是对于 rot 数据集，最优的分类错误率从 7.37% 降低到 6.84%，这也意味着有 7.19% 的改善。与此同时，不论有几个 FPCA 的网络，FPCANet 相比于 PCANet 和 LDANet 都有着明显的改善。总之，通过表 9-3 和图 9-5，我们发现结合了 PCA 和 LDA 的 FPCANet 对于提取特征是更加有效的。

表 9-3　在 MNIST 变体上 FPCANet 对比深度模型的错误率结果

Methods	basic	rot	bg-rand	bg-img	bg-img-rot
ScatNet-2[141]	1.27	7.48	12.30	18.40	50.48
RandNet-1	1.86	14.25	18.81	15.97	51.82
RandNet-2[141]	1.25	8.47	13.47	11.65	43.69
PCANet-1	1.44	10.55	6.77	11.11	42.03
PCANet-2[141]	1.06	7.37	6.19	10.95	35.48
LDANet-1	1.61	11.40	7.16	13.03	43.86
LDANet-2[141]	1.05	7.52	6.81	12.42	38.54
FPCANet-1	1.42	10.38	6.68	10.81	38.59
FPCANet-2	1.01	6.84	5.94	10.41	33.98
CAE-2[134]	2.48	9.66	10.90	15.50	45.23

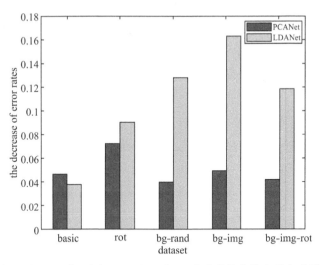

图 9-5　对比 PCANet-2 和 LDANet-2,FPCANet 在手写体变体上的分类错误率的改善

9.5.2　人脸数据集

在这一节,我们主要研究了我们的算法 FPCANet-2 在两个人脸数据集上的效果。这两个数据集是 ORL 数据集以及 Extended Yale B 数据集。ORL 数据集[53]包含 40 个人,每个人有 10 张不同的人脸图片。这些人脸有不同的面部表情的变化(睁眼/闭眼,微笑/不微笑),以及不同的人脸细节(戴眼镜/不戴眼镜),并且这些图片背景是均匀的黑色,以及伴随着可能存在 20 度以内的倾斜。Extended Yale B 数据集[178]含有 2414 张人脸图片,来自于 38 个人。所有的图片有着不同的表情和光照条件。为了实验方便,以上两个数据集的每张图片被裁剪成 32×32 的像素。图 9-6 和图 9-7 分别展示了 ORL 数据集和 Extended Yale B 数据集的一些图片样例。

在我们的实验中,FPCANet-2 的超参数和 PCANet[141]中的超参数是一样的。具体地,我们设置滤波器的大小是 $k_1=k_2=5$,滤波器的数目 $L_1=L_2=5$,还

图 9-6　ORL 数据集的部分图片样例

图 9-7　Extended Yale B 数据集的部分图片样例

有 8×6 非重叠的统计直方图块大小。至于 FPCANet-2 的额外参数,我们设置 α $=0.001,\beta=0$ 满足定理 9.1 和定理 9.2 的条件。

为了验证我们方法的有效性,我们选取了许多深度模型进行对比,这些模型包括 CNN、Center Loss[138]、Modified Softmax Loss[179] 以及 ASoftmax Loss (SphereFace)[179]。Center Loss 是加在深度特征(Softmax 层的输入特征)上的损失。其首先通过深度网络前向传播得到深度特征,然后将深度特征作为样本,计算每一类特征的类中心,最后通过惩罚这些深度特征与相应类中心的距离来优化网络。由于传统的 Softmax Loss 本质可以转化成角度分布,Modified Softmax Loss 先标准化深度特征,然后通过优化角度来训练网络。这样可以学到更优的角度分布特征。ASoftmax Loss(SphereFace)[179]引入了一个整数 $m(m\geqslant 1)$ 去定量控制类与类之间的决策边界,使得相比于 Modified Softmax Loss,类与类之间的距离更加远。

所有的对比方法有着与我们方法相似的网络结构。样本图片首先通过两个卷积层,卷积层滤波器的大小是 5×5。每个卷积层后面跟着一个池化层,池化的窗口大小是 2×2,并且步长是 2。最后的池化层后面是两个全连接层:第一个全连接层是 1000 个节点,第二个全连接层的节点数是样本的类别数。我们也在第一个全连接层使用了 50% Dropout[139] 技术。除了 SphereFace,其他的所有对比网络我们使用了 ReLU[135]激活函数。由于 SphereFace 的中存在除法运算,直接用 ReLU 网络无法训练。并且[137]展示了 Leaky ReLU[136] 与 ReLU 有着相似的实验效果。于是,在 SphereFace 中,我们再将第一个全连接层的激活函数换成了 Leaky ReLU。最后,为了防止过拟合,我们使用了许多技巧,比如 L_2 正则化以及 Early Stopping 等。具体的实验结果在表 9-4 中进行了展示。

表 9-4　FPCANet-2 与其他深度模型在 ORL 和 Extended Yale B 数据集上的错误率

Methods		ORL			Extended Yale B		
		30%	50%	70%	30%	50%	70%
CNN[139]	Ave	13. 29	4. 35	4. 08	17. 31	10. 28	7. 95
	Min	8. 93	1. 5	1. 67	14. 59	7. 61	5. 47
	Max	16. 79	7	8. 33	19. 06	12. 9	12. 67
Softmax+Center Loss[138]	Ave	8. 89	2. 65	1. 67	11. 85	6. 7	3. 85
	Min	5	1	0	9. 47	5. 46	2. 93
	Max	11. 43	4	4. 17	13. 12	8. 02	5. 33
Modified Softmax Loss[179]	Ave	11. 07	3. 85	2. 33	14. 26	6. 91	4. 95
	Min	8. 57	2	0	12. 88	5. 54	3. 47
	Max	16. 43	5. 5	5	16. 24	8. 11	7. 33
SphereFace[179]	Ave	3. 29	1. 05	0. 5	0. 63	0. 29	0. 19
	Min	1. 43	0	0	0. 29	0	0
	Max	5. 71	1. 5	2. 5	0. 94	0. 5	0. 67
PCANet-2	Ave	5. 14	1. 45	0. 58	1. 15	0. 41	0. 21
	Min	2. 5	0. 5	0	0. 88	0. 08	0
	Max	9. 29	3. 5	1. 67	1. 41	0. 66	0. 40
FPCANet-2	Ave	4. 25	0. 75	0. 25	0. 86	0. 26	0. 19
	Min	2. 14	0	0	0. 58	0. 08	0
	Max	5. 71	1. 5	0. 83	1. 24	0. 58	0. 40

注:我们使用了不同的训练比例(30%,50%,70%),30%代表着所有样本的 30%被用来训练,剩余的被用来测试。所有的训练样本被随机选择,并且我们做了 10 次实验。表中的 Ave、Min 和 Max 分别代表着 10 次实验中平均值、最小值和最大值。

表 9-4 总结了所有的实验结果。在实验中,不同的算法针对不同的训练样本数目(30%,50%,70%的训练样本)分别做了 3 组实验,每组实验都是 10 次实验的统计。通过此表格,我们可以看出,不管训练样本的比例是多少,我们的模型 FPCANet-2 在这些实验取得了不错的实验效果。除了 SphereFace,我们的方法明显在 Max、Min 和 Ave 上优于其他方法。更重要的是,FPCANet-2 显著的改善了 PCANet-2,这也意味着 FPCANet 在某种程度上使用了判别信息,并且相比于 PCANet 有着更好的特征提取能力。

9.6　小　结

我们在本章中,基于 PCANet 的框架,我们提出了一种改进 PCA 的方法称之为 FPCA,它结合了 PCA 和 LDA。为了计算方便,我们借助一个中间变量,提出了一种 FPCA 逼近模型。并且,我们研究 FPCA 原始模型和逼近模型之间的关系,给出了 FPCA 逼近模型的收敛性分析。我们紧接着堆栈 FPCA 逼近模型,形成了一个深度网络称之为 FPCANet。受益于 FPCA 中特征的主要信息与判别信息的融合,FPCANet 显著的提高了 PCANet 和 LDANet 的特征提取能力。大量的数据实验证明了 FPCANet 的有效性,同时也给出了 LDANet 弱于 PCA-Net 的一种可能的解释。

第10章　用于三维物体识别的动态路由卷积神经网络

3D 物体识别是 3D 数据处理中最重要的任务之一。这些年来,3D 物体识别已经被广泛地研究。许多研究者提出了众多深度学习的研究方法,其中基于多视角的方法是一类典型的方法。在多视角方法中,普遍使用了视角池化层去混合来自多视角的特征信息,然而这会引起信息的丢失。为了缓和这个问题,在本章中,借鉴胶囊网,我们修改了动态路由算法,并设计了一个新的层,称之为动态路由层(Dynamic Routing Layer,DRL),能够更好地混合来自不同视角之间的特征。具体地,我们使用重排以及仿射变换来转换特征,然后利用修改的动态路由层来自动地选择转换后的特征。这不同于视角池化层中,除了最活跃的特征,忽略所有的其他特征。我们还举例证明了视角池化层是我们提出的动态路由层的特例。此外,基于动态路由层,我们设计了一个卷积神经网络,称为动态路由卷积神经网络(Dynamic Routing Convolutional Neural Network,DRCNN)。在大量的 3D 标准数据集上,我们分别做了 3D 物体分类和检索实验。实验结果展示了我们的方法取得了最优的实验效果,证明了我们方法的有效性。

10.1　引　言

近年来,3D 物体识别问题由于其具有广泛的应用场景,比如自动驾驶、游戏以及 3D 打印等,已经得到了越来越多的关注。伴随着深度学习的飞跃发展[132,19],大量的深度神经网络已经被用来研究 3D 物体识别问题。在这些方法中,到目前为止,基于多视角的方法是表现最好的。通过将 3D 物体渲染成多视角的 2D 图像,3D 的物体识别问题可以转换成 2D 图像识别问题,然后借助标准的卷积神经网络,可以被很好地解决。因此,如何得到一个 3D 物体的良好的特征表达,或者说如何将多视角的 2D 图像融合形成一个好的表示,这是至关重要的。

在过去的几年中,已经有许多工作探索将 3D 物体转化为 2D 的图片,然后用图片处理 3D 物体识别。最有代表性的工作之一是多视角卷积神经网络(MVC-NN)[180],如图 10-1(a),它提出了一个视角池化层去混合多视角的特征。本质上,视角池化层使用了最大值池化去混合跨视角的特征。考虑不同视角图片内

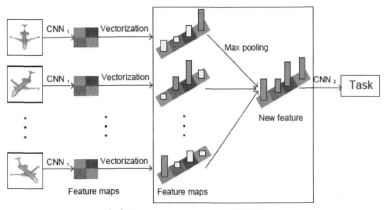

（a）View pooling layer in MVCNN

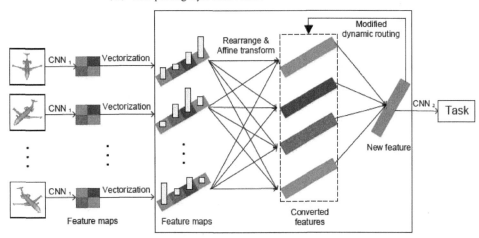

（b）Dynamic routing layer in DRCNN

(a)MVCNN 中的视角池化层;(b)DRCNN 中的动态路由层。

图 10-1　MVCNN 中的视角池化层与我们提出的动态路由层的对比示意图

注:为了方便展示,我们在这里的动态路由层展示了只有一个特征组以及只有一个输出胶囊的特例情况。

容的关系,循环聚类池化卷积神经网络(RCPCNN)[181]和视角分组卷积神经网络(GVCNN)[182]都将所有视角进行分组,并使用最大池化去混合组内视角图片的信息。Jiang 等人[183]设计了一种分层的视角-圈-形状的结构,并且也应用了最大池化去混合,来自长短期记忆网络(LSTM)中隐层节点特征信息,去获得圈层面的描述子。即使最大池化能够很简单地混合来自多视角的特征,但是这也会造成信息损失,比如,正如图 10-1(a)所展示的那样,视角池化层使用了跨视角的元素最大值操作,但这也放弃了所有的特征,除了用值最大的那个特征去表示一个3D 物体。

如图 10-1(b)所展示的,我们主要提出了一个新的层,称为动态路由层(DRL),去混合多视角图片的特征。DRL 主要包括四部分:重排、仿射变换、修改的动态路由算法以及合并操作。首先,所有的视角图片经过相同的 CNN$_1$,形成许多特征图。所有来自不同视角且相同位置的通道特征,被重排合并成许多新的特征组。然后,每一组的特征通过仿射变换被转换成基础胶囊的预测向量(也称为转换的特征)。再然后,我们修改了原始胶囊网[142]的动态路由算法,去自动地选取更好的特征表达,来表示每一组的特征。最后,我们将所有组的新的特征表达进行合并,去表示一个 3D 物体。因此,我们提出的 DRL 可以充分使用来自多视角的特征,而不是像最大池化操作那样抛弃最大值特征以外的所有特征。通过分析 DRL,我们举例证明了 MVCNN 中的视角池化层是我们提出的 DRL 的特例。此外,与视角池化层一样,我们的 DRL 可以被放在网络中任意两层之间。基于 DRL,我们构造了一个动态路由卷积神经网络(DRCNN)去完成多视角3D 物体识别任务。将我们的 DRCNN 放在三个公开的 3D 标准数据集(Model-Net10、ModelNet40 和 SHREC'14)上做了物体分类和检索实验。实验结果证明了我们的 DRCNN 可以获得相当好的表现,这也验证了我们方法的有效性。

总的来说,我们将在本章介绍我们提出的 DRL 和 DRCNN。我们的方法主要有以下三个创新点:

(1)我们修改了动态路由算法,并且使用它去设计 DRL 混合多视角的特征图片。据我们所知,DRL 是第一个使用动态路由算法混合多视角图片信息的方法。

(2)通过对比 MVCNN 中的视角池化层,我们举例证明了视角池化层是DRL 的一个特例。

(3)将 DRL 融入卷积神经网络,形成了 DRCNN 去处理 3D 物体识别问题。

实验结果证明了 DRCNN 具有良好的效果。

10.2　相关的工作

我们的工作主要是设计了一种新的深度学习模型,可以更加有效地混合来自 3D 物体的多视角特征。所以,在本部分我们主要介绍一些相关的工作。首先,我们给出了近年来基于深度学习的 3D 物体识别算法的简单介绍。其次,我们的方法是基于胶囊网的,在接下来的部分,我们介绍了胶囊网的发展以及应用。

10.2.1　3D 物体识别方法

在这一部分,我们主要回顾基于深度学习的 3D 物体识别方法。针对 3D 数据转换格式的不同,这些方法大致可以分为三类:基于多视角的方法、基于体积的方法以及基于点云的方法。

基于多视角的方法,是将 3D 物体渲染成多个视角来表示一个 3D 物体。比如,MVCNN[180]首先使用一个 CNN 来提取每个视角的特征,然后通过视角池化层来混合这些特征。为了得到 3D 物体更好的表达,Wang 等人[181]引入了一个循环聚类以及池化层。John 等人[184]将所有的视角图片划分为一系列图像对,每个图像单独分类,通过赋予每个图像权重,得到最终的分类结果。Kanezaki 等人[185]提出了一个称之为旋转网(RotationNet)的模型,它将视角观察点作为隐变量,联合估计视角的姿态以及物体的类别。Feng 等人[182]引入了一个分层的描述框架,这个框架分为视角图片、图片组以及物体的描述子。Yu 等人[186]将调和双线性池化融入到网络层中,构造了一个多视角调和双线性网络(MHBN)。Jiang 等人[183]利用多个圈获得视角,提出了分层的网络结构,并在 3D 物体检索任务上,取得了相当好的实验效果。Han 等人[187]利用 RNN 去结合视角,并且提取了 3D 物体相当好的特征表达。

体积的方法是一种直观的方法,将 3D 物体放入标准的 3D 网格中,通过占据位置的方法,得到 3D 物体的一种特征表达。紧接着,就可以通过传统的卷积网络来处理 3D 物体识别问题了。Maturana 等人[188]利用监督的 3D 卷积神经网络来获得 3D 物体良好的特征表达。Brock 等人[189]使用基于体素的变分自编码和集成学习,去处理 3D 物体的分类问题,并且获得了很好的结果。

点云的方法是以点云为基础的方法。点云是一种数据格式,由欧几里得空间的一些无序的点组成。Qi 等人[190]设计了一种新颖的神经网络,称为点云网络(PointNet),可以直接使用点云数据作为输入,并且完全尊重了点云数据本身具有排列不变性的性质。这之后,许多工作探索了 3D 物体点云数据之间的局部结构,代表性的有 PointNet＋＋[191]、自组织网络(SO-Net)[192],以及关系-形状卷积神经网络(RS-CNN)[193]等。

10.2.2　胶囊网

胶囊网[142,143]是一种神经网络的新框架,主要由胶囊组成。一个胶囊是一组神经元,它的激活值表示一个特定实体的实例化参数,比如一个物体或者物体的一部分。Sabour 等人[142]构造了一个胶囊网,称为 CapsNet,它采用向量作为一个胶囊,并且用激活向量的长度去表示这个实体的存在概率。通过动态路由算法,CapsNet 可以进行底层胶囊与高层胶囊之间的信息传递。Hinton 等人[143]提出了矩阵胶囊,每个矩阵胶囊包括一个用来预测实体概率的逻辑单元,以及一个 4×4 的姿态矩阵用来表示实体的姿态。并且原始的动态路由变成了期望最大化路由算法。基于胶囊的概念,Cheraghian 等人[194]设计了一个分类器,称为 3DCapsule。Zhao 等人[195]提出了 3D 点云胶囊网络,去处理 3D 点云数据。但是,据我们所知,我们的方法是第一个使用胶囊概念去处理多视角 3D 物体识别的方法,并且实验结果取得了明显的改善。

10.3　模型算法

在这一节,我们首先回顾了原始胶囊网中的动态路由算法。然后,我们通过修改动态路由算法,构造了动态路由层(DRL),并由此提出了动态路由卷积神经网络(DRCNN)。紧接着,我们分析了 MVCNN 中的视角池化层和我们提出的DRL 之间的关系。最后,我们简单地描述了 3D 物体分类与检索任务。

10.3.1　动态路由算法回顾

在这一部分,我们主要回顾胶囊网[142]中的动态路由算法。胶囊网主要用来学习部分与整体的关系。动态路由算法是胶囊网中最重要的部分,主要用来在胶囊层之间传递信息。具体的计算方式如下：

假设u_i是底层胶囊的输出，并且其维度是m，那么预测向量（也称转换的特征）可以通过u_i与一个权重矩阵$W_{ij} \in \mathbb{R}^{m \times n}$相乘得到：

$$\hat{u}_{j|i} = W_{ij} u_i \text{。} \tag{10-1}$$

然后一个高层胶囊s_j的输入可以通过所有的预测向量$\hat{u}_{j|i}$加权求和得到：

$$s_j = \sum_{i=1}^{M} c_{ij} \hat{u}_{j|i}, \tag{10-2}$$

其中M是底层胶囊的数目。c_{ij}是耦合系数，可以看成是底层胶囊i耦合到高层胶囊j的概率。因此，底层胶囊i与高层所有的N个胶囊的耦合系数之和是1。也就是有

$$\sum_{j=1}^{N} c_{ij} = 1, \tag{10-3}$$

其中c_{ij}表示一个概率，所以进行归一化。这里引入一个中间变量b_{ij}，表示当前第i个胶囊分配给下一层第j个胶囊的对数先验概率。然后有

$$c_{ij} = \frac{\exp(b_{ij})}{\sum\limits_{k=1}^{N} \exp(b_{ik})} \text{。} \tag{10-4}$$

在得到一个高层胶囊s_j的输入后，一个非线性"压缩"函数被设计，形成高层胶囊s_j的输出。使用这个函数的目的是，将s_j的模长表示成一个概率。这个概率代表当前胶囊所表示的实体是否存在。具体函数表示如下：

$$V_j = \frac{\|s_j\|^2}{1 + \|s_j\|^2} \frac{s_j}{\|s_j\|} \text{。} \tag{10-5}$$

最后，通过计算高层胶囊的输出v_j与其预测向量$\hat{u}_{j|i}$之间的相似性，来动态更新中间变量b_{ij}。相似性的衡量方式采用的是向量积：$a_{ij} = v_j \cdot \hat{u}_{j|i}$。每次迭代后，中间变量$b_{ij}$都会被加上$a_{ij}$进行更新。当全部迭代完成，高层胶囊可以作为更高层胶囊的输入或者直接用来处理分类问题。整个动态路由算法如算法10-1所展示：

Input：预测向量：$\hat{u}_{j|i} \in \mathbb{R}^n$；

迭代次数：r；

第l层的胶囊数目：M；

第$(l+1)$层的胶囊数目：N。

Output：第($l+1$)层胶囊的表示向量$\boldsymbol{v}_j$。

1   初始化第l层所有的胶囊i与第$l+1$层所有胶囊j之间系数：$b_{ij}=0$。

2   **For** $t=0,1,\cdots,r$ **do**

3   对第l层所有的胶囊i与第($l+1$)层所有胶囊j：使用公式(10-4)更新耦合数；

4   对第($l+1$)层所有胶囊j：使用公式(10-2)得到$\boldsymbol{s}_j$；

5   对第($l+1$)层所有胶囊j：使用公式(10-5)得到$\boldsymbol{v}_j$；

6   对第l层所有的胶囊i与第($l+1$)层所有胶囊j：$b_{ij}\leftarrow b_{ij}+\hat{\boldsymbol{u}}_{j|i}\cdot\boldsymbol{v}_j$。

7   **EndFor**

8   返回$\boldsymbol{v}_j$。

算法 10-1　原始的动态路由算法

10.3.2　DRL 与 DRCNN 的结构

在这一部分，我们主要介绍了动态路由层(DRL)和 DRCNN。我们修改了原始的动态路由算法，并使用它构造了一个 DRL。DRL 可以更加有效地混合来自每个视角的特征。通过将 DRL 插入到 CNN 中，我们提出了一个新的模型，称为 DRCNN，去做 3D 物体识别问题。DRL 和 DRCNN 的结构如图 10-2 所示。

我们提出的 DRL 主要包括四部分：重排、仿射变换、修改的动态路由、合并操作。通过重排，我们将 CNN_1 提取的特征分为许多组。对每一组的特征，我们使用仿射变换和修改的动态路由算法去得到每一组特征的新表达。最后，我们合并每一组的表达形成一个新特征，去表示一个 3D 物体，也作为神经网络第二部分 CNN_2 的输入。

重排

基于 CNN_1 卷积核的不同，来自相同通道位置的特征被合并成一组特征。因此，组的数目等于分组前特征图的深度。换句话说，每个组内的特征是通过使用相同的滤波器作用于不同的视角图片得到的。每一组内的特征组成了基础的胶囊层(最低的胶囊层)。在每一个基础胶囊层，胶囊的数目是分组前特征图的高和宽的乘积，每个胶囊的维度是视角数目的个数。比如，如图 10-2 所展示的那样，假设有 m(比如，实验中设置为 12)个视角图片，分组前的特征图(CNN_1 提取的特征图)的大小是 $H\times W\times C$。通过重新排列操作，我们得到 C 个基础胶囊

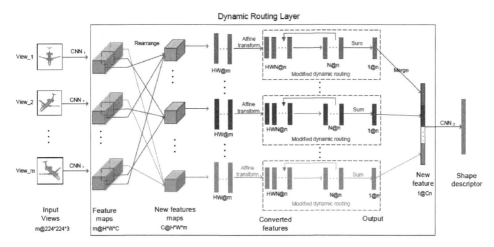

m@224 * 224 * 3 代表着有 m 个特征图,并且每个特征图的大小是 224×224×3。

图 10-2　提出的动态路由层(DRL)和动态路由卷积神经网络(DRCNN)的结构示意图

层。每个基础胶囊层有 HW 个胶囊,一个胶囊是 m 维的向量。

仿射变换

对于每个基础胶囊层的胶囊,我们使用仿射变换(也就是与一个权重矩阵 $W_{ij} \in R^{n \times m}$ 相乘),去得到转换的特征。同时,这个转换的特征也是修改的动态路由算法的输入。不同于原始的胶囊网,我们使用了非共享的转换矩阵 W_{ij} 去生成转换的特征。在我们的实验中,为了使 CNN$_2$ 能够使用在 ImageNet 训练好的权重,高层胶囊的维度被设置为特征图的高和宽的乘积($n = HW$)。

修改的动态路由算法

相比于胶囊网中的原始动态路由算法,修改的动态路由算法主要包括两个大的不同:第一,我们去掉了"压缩函数",因为它是用来使最后的输出胶囊 v_j 的模长表示概率的,并且在动态路由迭代结束后,增加一个激活函数(比如,ReLU、Leaky ReLU 或者 PReLU)。第二,如果输出胶囊的个数大于1,我们对其进行求和。这么做的原因是保持输出的维度不变,进一步使用预训练好的权重。修改的动态路由算法的具体流程图在算法 10-2 中给出。

合并操作

在经过修改的动态路由算法后,我们合并每一组的输出胶囊,成为一个 3D 物体的新表达。通过 DRL 的巧妙设计,这个新表达的维度是 CNN$_1$ 提取的特征图的高度、宽度和深度的乘积,与 MVCNN 中视角池化层的输出大小一样。

如图 10-2 所示,通过将 DRL 插入到一个 CNN 中,我们提出了 DRCNN 的框架,去做 3D 物体识别任务。具体地,一个 3D 物体的所有视角图片经过 CNN_1 形成多个特征图。这些特征图再经过我们提出的 DRL,合并成一个新特征。将这个新的特征作为 CNN_2 的输入,继续传递到最后,形成一个 3D 物体的描述子,被用作分类或者检索任务。

10.3.3　MVCNN 与 DRCNN 的关系

在这一部分,我们探索了 MVCNN 和 DRCNN 的关系,即研究视角池化层和我们提出的 DRL 的关系。通过仔细地分析,我们发现视角池化层是我们 DRL 的一种特殊情况。

在 MVCNN 中,视角池化层使用了跨视角取元素最大值的操作。具体地,通过 CNN_1,我们得到了对应 m 个视角的 m 个特征图。针对每个特征图的相同位置,它们中最大的值被选择为新特征的表达。

相比于视角池化层,我们提出的 DRL 主要包括四部分。当四部分彼此之间相互协调时,DRL 可以退化成视觉池化层。详细地,对每一组,假设高层胶囊的数目是 1,且它的维度是 HW。通过公式(10-4),我们得到耦合系数 $c_{11} = c_{21} = \cdots = c_{HW1} = 1$。然后我们设置权重矩阵 W_{i1} 一个特殊形式: $W_{i1} = [\boldsymbol{0}, \cdots, \boldsymbol{0}, \boldsymbol{e}_i, \boldsymbol{0}, \cdots, \boldsymbol{0}]^T \in R^{HW \times m}$,其中 $\boldsymbol{e}_i^{(T)}$ 是 W_{i1} 的第 i 行,具体的定义如下:

$$\boldsymbol{e}_i(j) = \begin{cases} 1, & \text{if} \quad j = r, \\ 0, & \text{else} \quad j \neq r, \end{cases} \tag{10-6}$$

其中, $\boldsymbol{e}_i(j)$ 表示向量 $\boldsymbol{e}_i$ 的第 j 个元素, r 是第 i 个基础胶囊 $\boldsymbol{u}_i$ 的最大值所在位置的下标。依次类推,我们对每一组执行相同的操作。此时,我们提出的 DRL 退化成了 MVCNN 中的视角池化层。

Input:预测向量: $\hat{\boldsymbol{u}}_{j|i} \in R^n$;

迭代次数: r;

第 l 层的胶囊数目: M;

第 $(l+1)$ 层的胶囊数目: N。

Output:新特征 $v \in R^n$。

1　初始化第 l 层所有的胶囊 i 与第 $l+1$ 层所有胶囊 j 之间系数: $b_{ij} = 0$。

2　**For** $t=0,1,\cdots,r$ **do**

3　　　对第 l 层所有的胶囊 i 与第 $(l+1)$ 层所有胶囊 j：使用公式(10-4)更新耦合数；

4　　　对第 $(l+1)$ 层所有胶囊 j：使用公式(10-2)得到 $\boldsymbol{s}_j$；

5　　　对第 l 层所有胶囊 i 与第 $(l+1)$ 层所有胶囊 j：$b_{ij} \leftarrow b_{ij} + \hat{\boldsymbol{u}}_{j|i} \cdot \boldsymbol{s}_j$。

6　**EndFor**

7　对第 $(l+1)$ 层所有胶囊 j：$\boldsymbol{v}_j = \mathrm{ReLU}(\boldsymbol{s}_j)$。

8　$\boldsymbol{V} = \sum\limits_{j=1}^{N} \boldsymbol{v}_j$

9　返回 $\boldsymbol{v}$。

算法 10-2　修改的动态路由算法

然而,权重矩阵 $W_{i,j}$ 是通过误差反向传播(BP)算法学习到的,耦合系数 $c_{i,j}$ 是通过修改的动态路由决定的。换句话说,通过 BP,仿射变换将视角特征转换为合适的转换特征,然后修改的动态路由算法针对每一个样本,动态地选择转换的特征。基于以上两点优势,提出的 DRL 相比于 MVCNN 中的视角池化层,能够使用更多的视角信息。

10.3.4　3D 分类与检索任务

在分类任务中,假设有 C 类,DRCNN 最后一层的输出是一个有 C 个元素的向量。每个元素的值代表着这个物体属于这一类的概率。并且,最大值所在的位置表明了物体最终属于哪一类。

在 3D 物体检索任务上,假设有一个查询的物体 X（3D 物体或者 2D 草图）,以及一个目标 Y（3D 物体）。$\boldsymbol{x}$ 和 $\boldsymbol{y}$ 分别是它们的描述子。目标物体的描述子是 DRCNN 结构的倒数第二层的特征,这已经混合了多视角图片的信息。查询物体的描述子可能来自同样的 DRCNN 特征(3D 物体)或者其他的 CNN 倒数第二层特征(2D 草图)。然后在检索任务中,我们使用两个描述子之间的距离来度量两者是否是同一类。距离公式被定义为:

$$d(\boldsymbol{X},\boldsymbol{Y}) = \|\boldsymbol{x}-\boldsymbol{y}\|_2。 \tag{10-7}$$

基于与查询物体之间的距离,我们对所有的目标物体进行排序。与查询物体距离越小,越容易被查询到。根据查询到的结果,我们得到最后的检索结果。

10.4　实　验

在这一部分,我们主要评估提出的 DRCNN 在 3D 物体识别任务上的表现。3D 物体识别分为 3D 物体分类任务和 3D 物体检索任务。在分类任务上,我们主要在 ModelNet10 和 ModelNet40 上做实验,并且基于分类结果,我们探索了模型超参数对结果的影响。在检索任务上,在 ModelNet40 和 SHREC'14 数据集上的检索结果,证明了我们提出的 DRCNN 的有效性。

10.4.1　3D 物体分类

数据集

分类实验主要在两个代表性的数据集上展开。这两个数据集分别是 Model-Net40 数据集和 ModelNet10 数据集[196]。ModelNet 是一个 3D 数据集,包含 622 个类别,127 915 个三维 CAD 模型。作为 ModelNet 的一个子集,Model-Net40 数据集包含 12 311 个 3D 物体,这些物体被分为 40 个类。我们采用与 PointNet[190]一样的训练集和测试集分类方法,其中,9842 个物体用来训练,4899 个物体用来测试。ModelNet10 只包含 4899 个 3D 物体,其中 3991 个物体用作训练,908 个物体用作测试,并且所有的物体来自 10 个类别。为了评估 3D 物体分类的表现,两种分类精度在这里被使用,一种是样本平均精度,一种是类别平均精度。样本平均精度是测试中分类正确的样本除以测试集所有的样本,类别平均精度是测试集每一类的精度求和后,除以测试集的类别数目。在均衡数据集(样本每一类数目完全相同)上时,两种精度完全一样。在非均衡数据集(每一类样本数目不同)上时,两种精度数值不一样。

实验设置

对于整个网络结构的骨干网络,我们选取 VGG-M[197]和 ResNet50[26]作为基准。我们在实验时,采用了这两个架构预先在 ImageNet 上的训练权重。与 MVCNN 一样,我们将 DRL 放在 VGG-M 上第五个卷积层之后,ResNet50 上的倒数第二层的位置。此外,我们修改的动态路由算法的迭代次数一般情况下设置为 1。所有的模型都是采用 Adam 优化器[198]优化的。除非刻意指定,视角的数目在本实验中均被设置为 12。学习率被设置为 10^{-5},以及交叉熵损失被用作目标函数。

与许多优秀算法的对比

在这次实验中,我们对比了 DRCNN 与各种各样的算法,进而验证我们方法的有效性。这些方法包括手工的描述子和深度学习模型。这些手工的描述子包括 SPH[199] 和 LFD[200]。在深度模型中,我们主要选取了 3D ShapeNets[196]、VRN Ensemble[189]、PointNet[190]、Kd-Net[201]、So-Net[192]、3D Point CapsuleNet[195]、 MVCNN[180], RCPCNN[181]、 MHBN[186]、 RotationNet[185]、SeqViews2SeqLabels[187]、 MVCNNMultiRes[202]、 GIFT[203]、 GVCNN[182]、MLVCNN[183] 以及 MVCNN-New[204]。

与上述所有的方法进行对比,实验结果在表 10-1 中被展示。通过表格可以看出,我们的方法明显好于手工描述子和基于体积的深度模型方法。在基于多视角的方法中,我们的算法也取得了相当好的表现。更具体地,基于 ResNet50 网络结构,只使用 12 个视角,我们的模型在 ModelNet10 上,样本平均精度上达到了 99.34% 的准确率;在 ModelNet40 上,类别平均精度上达到了 96.84% 的准确率。表 10-1 也展示了采用越先进的模型,我们的方法效果越好:采用 ResNet50 的结果明显好于采用 VGG-M 的结果。这也从侧面证明了,我们的模型能够简单地适应各种经典的 CNN 网络结构。

表 10-1　DRCNN 在 ModelNet10 和 ModelNet40 数据集上的分类实验结果

Method	Data Representation	# Views	base CNNs	ModelNet10		ModelNet40	
				Class	Instance	Class	Instance
SPH[193]	Mesh	—	—	79.79	—	68.23	—
LFD[200]	Mesh	—	—	79.87	—	75.47	—
3D ShapeNets[196]	Voxel	—	—	83.54	—	77.32	—
VRN Ensemble[189]	Voxel	—	—	—	97.14	—	95.54
PointNet[190]	Points	—	—	—	—	86.2	89.2
Kd—Net[191]	Points	—	—	93.5	94.0	88.5	91.8
So—Net[192]	Points	—	—	93.9	94.1	87.3	90.9
3D Point CapsuleNet[195]	Points	—	—	—	—	—	89.3
MVCNN[180]	View	80	VGG-M	—	—	90.1	—
RCPCNN[181]	View+Dep+Surf	12	VGG-M	—	—	—	93.8
MHBN[186]	View+Dep	6	VGG-M	95.0	95.0	93.1	94.7

Method	Data Representation	# Views	base CNNs	ModelNet10		ModelNet40	
				Class	Instance	Class	Instance
RotationNet[185]	View	20	VGG-M	—	—	—	94.68
SeqViews2SeqLabels[187]	View	12	VGG19	94.8	94.82	91.12	93.31
MVCNNMultiRes[202]	3ResolutionView	20	AlexNet	—	—	91.4	93.8
GIFT[203]	View	64	VGG-S	91.5	—	89.5	—
GVCNN[182]	View	12	GoogLeNet	—	—	—	92.6
MLVCNN[183]	View	8×3	ResNet18	—	—	—	94.16
MVCNN-New[204]	View	12	ResNet50	—	—	—	95.5
DRCNN(ours)	View	12	VGG-M	95.96	96.04	92.29	94.69
DRCNN(ours)	View	12	ResNet50	99.30	99.34	94.86	96.84

视角图片数目对实验结果的影响

在实验中,我们研究了视角图片数目对我们的模型在 ModelNet40 上的分类实验结果。为了更好地对比,我们选取了 MVCNN 和 RCPCNN 作为基准。在这里,我们的方法和另外两种模型都采用了 VGG-M 作为骨干网络。表 10-2 展示了对比实验结果,我们可以看出,不管视角的数目是多少,DRCNN 明显好于MVCNN 和 RCPCNN。此外,在 MVCNN 和 RCPCNN 中,当视角数目从 3 变到6 时,分类准确率变高了;但是视角数目从 6 变到 12 时,准确率反而会轻微下降。不同的是,在我们的模型 DRCNN 中,随着视角数目从 3 到 6,再到 12,模型的准确率一直在上升。造成这种现象的原因,可能是相比于 MVCNN 和 RCPCNN,DRCNN 可以利用更多的视角信息,这也证明了我们模型的优越性。

表 10-2　基于 VGG-M 和 ModelNet40 数据集,视角数目对 DRCNN 的影响

Models	# Views=3	# Views=6	# Views=12
MVCNN	0.9133	0.9201	0.9149
RCPCNN	0.9210	0.9222	0.9218
DRCNN	0.9303	0.9376	0.9469

修改的动态路由算法的迭代次数对实验结果的影响

在这一部分,我们主要研究了修改的动态路由算法的迭代次数对实验结果的影响。为了简单快速,我们设置每一组高层胶囊的数目是 2。表 10-3 展示了

基于 VGG-M 网络框架,我们提出的 DRCNN 模型在 ModelNet40 上关于迭代次数的分类精度结果。通过这个表格,我们可以看出 DRCNN 的表现对不同的迭代次数基本上是稳定的。因此,我们将修改动态路由的迭代次数设置为 1,为了使我们的模型可以更快地训练和测试。

表 10-3　基于 VGG-M 和 ModelNet40 数据集,修改动态路由的迭代次数对 DRCNN 的影响

Models	#Iterations	Classification accuracy
DRCNN	1	94.25
DRCNN	2	94.21
DRCNN	3	94.37

DRCNN 的训练/测试时间最大池化操作在神经网络中是最基本的操作之一,只需要消耗极短的时间。因此,基于最大池化,视角池化层同样可以被训练得很快。到目前为止,MVCNN 可能是在基于多视角深度学习方法中最简单且最快速的方法了。不同于视角池化层中,忽略除了最大激活值的特征之外的所有的特征,我们的模型 DRL 能够自动地选择转换的特征。与其他混合多视角的方法类似,我们的模型 DRCNN 相对时间较长。具体来说,不论是在训练还是测试时间上,DRCNN 都大约是 MVCNN 的两倍。

修改的动态路由与原始动态路由的对比相比于原始的动态路由算法,修改的动态路由主要有以下几点不同:去掉了压缩函数,迭代结束之后增加了一个激活函数,以及求和操作。这些修改使得 DRCNN 可以更好地混合来自多视角的特征。以 ModelNet40 数据集、VGG-M 框架为例子,DRCNN 使用原始的动态路由只能得到 4.05% 的样本平均准确率,比使用修改的动态路由的 DRCNN 要低得多。这也意味着原始的动态路由并不能直接用来混合多视角的信息,这进一步证明了修改动态路由的必要性。

10.4.2　3D 物体检索

数据集在两个著名的 3D 检索任务数据集上,我们评估了我们提出的 DRC-NN。这两个数据集分别是 ModelNet40[196] 和 SHREC'14[205]。ModelNet40 在上一节的分类实验中已经介绍过了。而 SHREC'14 是一个草图检索数据集。它有来自 171 个类别的 13 680 个草图和 8987 个 3D 物体。SHREC'14 草图部分是均衡的,即每一类的草图数目都是 80,其中 50 个草图用来训练,30 个草图被用来测试。SHREC'14 的 3D 部分是非均衡的,每一类的数目并不一样。在

ModelNet40 数据集上，检索任务是一般的 3D 物体检索，或者说是域内检索，查询物体和目标物体都是 3D 形状。而在 SHREC'14 上的检索是基于草图的 3D 检索任务，或者说是跨域检索，查询物体变成了 2D 草图，目标物体依然是 3D 物体。因为 2D 草图与 3D 物体之间存在巨大的不同，因此基于草图检索是一个相当有挑战的任务。为了评估检索的表现，我们使用了众多评估检索性能的指标。这些指标包括 mean Average Precision(mAP)、Nearest Neighbor(NN)、First Tier(ST)、E-measure(E)，以及 Discounted Cumulative Gain(DCG)。

实验设置在一般的 3D 物体检索任务上，我们选择 ResNet50 作为骨干网络。实验设置与在分类任务上一样。我们进一步增加了中心损失(Center Loss)[138] 去提升我们检索实验的表现。在草图检索任务中，我们使用两个 AlexNet 去分别提取 2D 草图特征和 3D 物体多视角的特征。用于提取 3D 物体特征的 Alex-Net，为了得到 3D 物体更好的表达，DRL 被插入到第一个全连接层之前。与 Triplet-Center Loss[209] 中一样，我们假设来自不同域(草图域或者 3D 物体域)的形状描述子共享相同的类中心和分类器。通过 Center Loss 和 Softmax Loss，我们直接同时训练两个 AlexNet。为了更好地初始化权重，这两个 AlexNet 的权重是通过 ImageNet 训练过的。在实验中，我们设置两个损失函数的平衡系数 λ 为 1。在上述两种检索任务中，3D 物体的视角数目永远是 12。所有的上述模型，都是用 Adam 优化器优化的。

一般的 3D 物体检索任务。为了评估我们提出 DRCNN 模型在一般 3D 物体检索上的表现，我们对比了许多优秀的深度学习模型。这些优秀的算法包括 SPH[199]、LFD[200]、3D ShapeNets[193]、RED[206]、MVCNN[180]、GVCNN[182]、SP-Net[207]、PANORAMA-ENN[208] 以及 MLVCNN[183]。RED 和 PANORAMA-ENN 是两种典型的集成学习方法。为了进一步改善检索的表现，MVCNN 和 GVCNN 使用了低秩马氏度量(Low-rank Mahalanobis Metric)学习。与 MLVCNN 一样，我们使用了中心损失进一步提高我们方法的表现。通过在 ModelNet40 上检索结果，我们对比了以上所有的方法，具体的结果在表 10-4 中展示。

表 10-4　DRCNN 在 ModelNet40 上的检索实验结果

Method	Data Representation	Retrieval(mAP)
SPH[199]	—	33.3
LFD[200]	—	40.9
3D ShapeNets[196]	Voxel	49.2
RED[206]	Multi-Modality	86.3
MVCNN+metric[180]	View	80.2
GVCNN+metric[182]	View	85.7
SPNet[207]	View	85.21
PANORAMA-ENN[208]	View	86.34
MLVCNN,3×12[183]	View	91.15
MLVCNN+CL,3×12[183]	View	92.84
DRCNN(ours)	View	92.75
DRCNN+CL(ours)	View	93.90

注：metric 代表使用了 low-rank Mahalanobis metric，CL 代表使用了 Center Loss。

通过表 10-4 可以看出，我们提出的方法 DRCNN 明显优于其他所有方法。即使我们只是使用了 12 个视角，而不像 MLVCNN 中使用了 36(3×12)个视角。更重要的是，当我们将 Center Loss 加入我们的模型 DRCNN 中，平均精度均值（mean Average Precision，mAP）达到了 93.90%。这相比于不使用 Center Loss 提升了 1.15%。据我们所知，这个结果也许是目前为止最好的。此外，我们在图 10-3 展示了准确率-召回率(PR)曲线，进一步验证了我们模型的有效性。正如图 10-3 展示的那样，对比了许多优秀的算法，我们的模型明显优于其他模型。为了进一步证明我们的方法，我们在图 10-4 进一步展示了在 ModelNet40 上定性的实验结果。

基于草图的 3D 物体检索任务对于基于草图的 3D 物体检索任务，我们在 SHREC'14 数据集上做实验，对比了大量的算法。这些优秀的算法包括 CD-MR[210]、SBR-VC[211]、DB-VLAT[212]、Siamese[213]、DCML[214]、LWBR[215]、N-pair[216]、Lifted[217]、Triplet-Center Loss[209] 以及 Batch-wise OT Loss[218]。这些模型主要探索了改变损失函数，进一步改变在基于草图的 3D 检索任务中的表现。但是它们获得 3D 物体的描述子主要是通过 MVCNN。不同于它们的做法，我们使用提出的 DRCNN，加上简单的 Center Loss[138]，去提取特征表示 3D 物体,却得到了更好的表现。具体的实验结果在表 10-5 中展示。

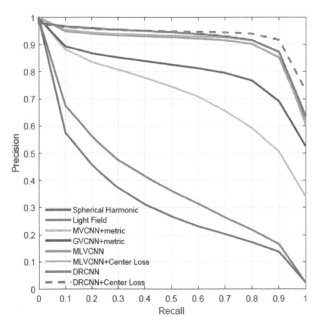

metric 代表使用了 low-rank Mahalanobis metric。

图 10-3 在 ModelNet40 数据集上,各种方法针对 3D 物体检索的 PR 曲线

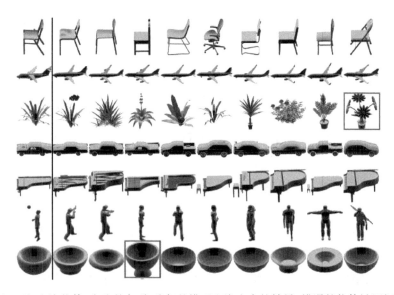

最左边一列:查询物体;右边的九列:我们的模型查询出来的结果;错误的物体被用框标注。

图 10-4 DRCNN 在 ModelNet40 数据集上部分样例的检索结果展示

表 10-5　DRCNN 在 SHREC'14 上的检索实验结果

Method	NN	FT	ST	E	DCG	mAP
CDMR[210]	10.9	5.7	8.9	4.1	32.8	5.4
SBR-VC[211]	9.5	5.0	8.1	3.7	31.9	5.0
DB-VLAT[212]	16.0	11.5	17.0	7.9	37.6	13.1
Siamese[213]	23.9	21.2	31.6	14.0	49.6	22.8
DCML[214]	27.2	27.5	34.5	17.0	49.8	28.6
LWBR[215]	40.3	37.8	45.5	23.6	58.1	40.1
N-pair[216]	30.0	27.0	32.1	15.0	48.4	28.9
Lifted[217]	51.3	53.8	63.4	30.0	71.1	57.3
Triplet-Center[209]	58.5	45.5	53.9	27.5	66.6	47.7
Batch-wise OT[218]	53.6	56.4	62.9	30.5	71.2	59.1
DRCNN+CL(ours)	68.5	72.8	77.8	37.1	81.6	74.4

注:CL 代表使用了 Center Loss。

　　通过表 10-5,我们看出 DRCNN 明显好于所有对比的方法,并且改善明显。更具体地,DRCNN 在 mAP 上取得了 74.4％的结果,这比其他方法中最好的结果高大约 15％。实验的结果表明了 DRCNN 可以有效地合并来自不同视角的特征。此外,在图 10-5 中,我们也提供了我们模型 DRCNN 基于草图的 3D 物体检

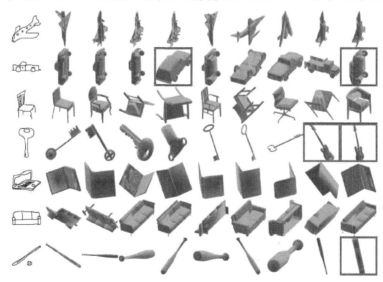

最左边一列:查询物体;右边的九列:我们的模型查询出来的结果;错误的物体被用框标注。

图 10-5　DRCNN 在 SHREC'14 数据集上部分样例的检索结果展示

索的定性展示。

10.5 小 结

在本部分,通过修改的动态路由算法,我们提出了动态路由层(DRL)去混合多视角的特征。DRL 能自动选择特征,而不是像视角池化层中的那样,忽略除了最活跃的特征外其他的所有特征。我们也使用 DRL 构建了动态路由卷积神经网络(DRCNN),来做 3D 物体识别任务。大量的数据实验以及标杆数据集的结果证明了我们模型的有效性。我们提出的 DRL 可以插入到网络结构的任意两层中间,这与 MVCNN 中的视角池化层一样。此外,作为一种有效的信息融合方法,我们提出的 DRL 也许可以被应用到许多其他的不同领域,比如,图像融合或者多模态数据融合等。

参考文献

［1］MCCUOOOCH W S,PITTS W. A logical calculus of the ideas immanent in nervous activity［J］. The Bulletin of Mathematical Biophysics,1943,5(4): 115-133.

［2］HEBB D O. The organization of behavior: A neuropsychological theory ［M］. Psychology Press,2005.

［3］ROSENBLATT F. The perceptron: A probabilistic model for information storage and organization in the brain［J］. Psychological Review,1958,65 (6):386.

［4］RUMELHART D E,HINTON G E,WILLIAMS R J,et al. Learning representations by back-propagating errors［J］. Cognitive Modeling,1988,5 (3):1.

［5］HINTON G E,et al. What kind of graphical model is the brain? ［C］. International Joint Conference on Artificial Intelligence,2005,5:1765-1775.

［6］HINTON G E,SALAKHUTDINOV R R. Reducing the dimensionality of data with neural networks［J］. Science,2006,313(5786):504-507.

［7］BURGES C J. A tutorial on support vector machines for pattern recognition ［J］. Data Mining and Knowledge Discovery. 1998,2(2):121-167.

［8］TAKEDA H,FARSIU S,MILANFAR P,et al. Kernel regression for image processing and reconstruction ［D］. Citeseer,2006.

［9］RABINER L R,JUANG B H. An introduction to hidden markov models ［J］. IEEE Assp Magazine,1986,3(1):4-16.

［10］BERGER A,DELLA PIETRA S A,DELLA PIETRA V J. Maximum entropy approach to natural language processing［J］. Computational Linguistics,1996,22(1):39-71.

[11] MURRE J,STURDY D P. The connectivity of the brain:multi-level quantitative analysis[J]. Biological Cybernetics,1995,73(6):529-545.

[12] HAKEN H. Principles of brain functioning:A synergetic approach to brain activity,behavior and cognition:volume 67 [M]. Springer Science & Business Media,2013.

[13] IRIE B,MIYAKE S. Capabilities of three-layered perceptrons[C]. IEEE International Conference on Neural Networks,1988,1:218.

[14] TOYAMA K,MATSUNAMI K,OHNO T,et al. An intracellular study of neuronal organization in the visual cortex[J]. Experimental Brain Research,1974,21(1):45-66.

[15] DOUGHERTY R F,KOCH V M,BREWER A A,et al. Visual field representations and locations of visual areas v1/2/3 in human visual cortex[J]. Journal of vision,2003,3(10):1-1.

[16] ZEKI S M. Functional specialisation in the visual cortex of the rhesus monkey[J]. Nature,1978,274(5670):423.

[17] LECUN Y,BOSER B,DENKER J S,et al. Backpropagation applied to handwritten zip code recognition[J]. Neural Computation, 1989, 1(4): 541-551.

[18] BOUREAU Y L,BACH F,LECUN Y,et al. Learning mid-level features for recognition[C]//IEEE Computer Society Conference on Computer Vision and Pattern Recognition:Citeseer,2010:2559-2566.

[19] KRIZHEVSKY A,SUTSKEVER I,HINTON G E. Imagenet classification with deep convolutional neural networks[C]. Advances In Neural Information Processing Systems,2012:1097-1105.

[20] LEGGETTER C J,WOODLAND P C. Maximum likelihood linear regression for speaker adaptation of continuous density hidden markov models [J]. Computer Speech & Language,1995,9(2):171-185.

[21] LI Y,ERDOGAN H,GAO Y,et al. Incremental on-line feature space mllr adaptation for telephony speech recognition[C]. Seventh International Conference on Spoken Language Processing,2002.

[22] HINTON G, DENG L, YU D, et al. Deep neural networks for acoustic modeling in speech recognition[J]. IEEE Signal Processing Magazine, 2012,29(6):82-97.

[23] DAHL G E, YU D, DENG L, et al. Context-dependent pre-trained deep neural networks for large-vocabulary speech recognition[J]. IEEE Transactions on Audio, Speech and Language Processing, 2011,20(1):30-42.

[24] GRAVES A, MOHAMED A R, HINTON G. Speech recognition with deep recurrent neural networks[C]//IEEE. IEEE International Conference on Acoustics, Speech and Signal Processing. IEEE, 2013:6645-6649.

[25] HU G, YANG Y, YI D, et al. When face recognition meets with deep learning: an evaluation of convo-lutional neural networks for face recognition[C]. Proceedings of the IEEE International Conference on Computer Vision Workshops, 2015:142-150.

[26] HE K, ZHANG X, REN S, et al. Deep residual learning for image recognition[C]. Proceedings of the IEEE Conference on Computer Vision and Pattern Recognition, 2016:770-778.

[27] TIAN Y, LUO P, WANG X, et al. Deep learning strong parts for pedestrian detection[C]. Proceedings of the IEEE International Conference on Computer Vision, 2015:1904-1912.

[28] NAM H, BAEK M, HAN B. Modeling and propagating cnns in a tree structure for visual tracking[J]. ArXiv Preprint ArXiv:1608. 07242,2016.

[29] LAN Z, ZHU Y, HAUPTMANN A G, et al. Deep local video feature for action recognition[C]. Proceedings of the IEEE Conference on Computer Vision and Pattern Recognition Workshops, 2017:1-7.

[30] ASSAEL Y M, SHILLINGFORD B, WHITESON S, et al. Lipnet: End-to-end sentence-level lipreading[J]. ArXiv Preprint ArXiv:1611. 01599,2016.

[31] COLLOBERT R, WESTON J, BOTTOU L, et al. Natural language processing(almost)from scratch[J]. Journal of Machine Learning Research. 2011,12(Aug):2493-2537.

[32] MIKOLOV T, DEORAS A, KOMBRINK S, et al. Empirical evaluation and combination of advanced languagemodeling techniques[C]. Twelfth

Annual Conference of the International Speech Communication Association, 2011.

[33] KIM Y. Convolutional neural networks for sentence classification[J]. ArXiv Preprint ArXiv:1408. 5882,2014.

[34] LE Q, MIKOLOV T. Distributed representations of sentences and documents [C]. International Conference on Machine Learning, 2014: 1188-1196.

[35] HAGAN M T, MENHAJ M B. Training feedforward networks with the marquardt algorithm[J]. IEEE Transactions on Neural Networks, 1994,5 (6):989-993.

[36] HUANG G B, ZHU Q Y, SIEW C K, et al. Extreme learning machine: a new learning scheme of feed forward neural networks[J]. Neural Networks, 2004,2:985-990.

[37] HUANG G B, ZHU Q Y, SIEW C K. Extreme learning machine: Theory and applications[J]. Neurocomputing, 2006,70(1-3):489-501.

[38] HUANG G B, ZHOU H, DING X, et al. Extreme learning machine for regression and multiclass classification[J]. IEEE Transactions on Systems, Man, and Cybernetics, Part B(Cybernetics), 2011,42(2):513-529.

[39] WANG Y, CAO F, YUAN Y. A study on effectiveness of extreme learning machine[J]. Neurocomputing, 2011,74(16):2483-2490.

[40] WANG X, CHEN A, FENG H. Upper integral network with extreme learning mechanism[J]. Neurocomputing, 2011,74(16):2520-2525.

[41] HUANG G, SONG S, GUPTA J N, et al. Semi-supervised and unsupervised extreme learning machines[J]. IEEE Transactions on Cybernetics, 2014,44(12):2405-2417.

[42] HINTON G E, OSINDERO S, TEH Y W. A fast learning algorithm for deep belief nets[J]. Neural Computation, 2006,18(7):1527-1554.

[43] BELKIN M, NIYOGI P, SINDHWANI V. Manifold regularization: A geometric framework for learning from labeled and unlabeled examples[J]. Journal of Machine Learning Research, 2006,7(Nov):2399-2434.

[44] BELKIN M, NIYOGI P. Using manifold stucture for partially labeled clas-

sification[C]. Advances in Neural Information Processing Systems, 2003: 953-960.

[45] SINDHWANI V, NIYOGI P, BELKIN M. Beyond the point cloud: from transductive to semi-supervised learning[C]//ACM. Proceedings of the 22nd International Conference on Machine Learning. ACM, 2005: 824-831.

[46] BELKIN M, NIYOGI P. Laplacian eigenmaps for dimensionality reduction and data representation[J]. Neural Computation. 2003, 15(6): 1373-1396.

[47] LUTKEPOHL H. Handbook of matrices[J]. Computational Statistics and Data Analysis, 1997, 2(25): 243.

[48] NG A Y, JORDAN M I, WEISS Y. On spectral clustering: Analysis and an algorithm[C]. Advances In Neural Information Processing Systems, 2002: 849-856.

[49] BENGIO Y, et al. Learning deep architectures for ai[J]. Foundations and Trends® in Machine Learning, 2009, 2(1): 1-127.

[50] BENGIO Y, LAMBLIN P, POPOVICI D, et al. Greedy layer-wise training of deep networks[C]. Advances In Neural Information Processing Systems, 2007: 153-160.

[51] FRANK A. Uci machine learning repository[J]. http://archive.ics.uci.edu/ml. 2010.

[52] LEE K C, HO J, KRIEGMAN D J. Acquiring linear subspaces for face recognition under variable lighting[J]. IEEE Transactions on Pattern Analysis & Machine Intelligence, 2005, (5): 684-698.

[53] SAMARIA F S, HARTER A C. Parameterisation of a stochastic model for human face identification[C]//IEEE. Proceedings of 1994 IEEE Workshop on Applications of Computer Vision. IEEE, 1994: 138-142.

[54] NENE S A, NAYAR S K, MURASE H, et al. Columbia object image library(coil-20)[M]. Technical report CUCS-005-96, 1996.

[55] LEE H, GROSSE R, RANGANATH R, et al. Convolutional deep belief networks for scalable unsupervised learning of hierarchical representations [C]//ACM. Proceedings of the 26th Annual International Conference on Machine Learning. ACM, 2009: 609-616.

[56] SALAKHUTDINOV R,HINTON G. Deep boltzmann machines[C]. Artificial Intelligence and Statistics,2009:448-455.

[57] FELLEMAN D J,VAN D E. Distributed hierarchical processing in the primate cerebral cortex[J]. Cerebral Cortex(New York,NY:1991). 1991,1(1):1-47.

[58] FRISTON K. Learning and inference in the brain[J]. Neural Networks, 2003,16(9):1325-1352.

[59] DAYAN P,HINTON G E,NEAL R M,et al. The helmholtz machine[J]. Neural Computation,1995,7(5):889-904.

[60] HINTON G E,ZEMEL R S. Autoencoders,minimum description length and helmholtz free energy[C]. Advances In Neural Information Processing Systems,1994:3-10.

[61] NEAL R M,HINTON G E. A view of the EM algorithm that justifies incremental,sparse,and other variants [M]. Berlin:Springer,1998:355-368.

[62] HINTON G E,SEJNOWSKI T J,et al. Learning and relearning in boltzmann machines[J]. Parallel dis-tributed processing:Explorations in the microstructure of cognition. 1986,1(2):282-317.

[63] ACKLEY D H,HINTON G E,SEJNOWSKI T J. A learning algorithm for boltzmann machines[J]. Cognitive Science,1985,9(1):147-169.

[64] HINTON G E,DAYAN P,FREY B J,et al. The "wake-sleep" algorithm for unsupervised neural networks [J]. Science, 1995, 268 (5214): 1158-1161.

[65] HINTON G E. Products of experts [M]. IET,1999.

[66] CARREIRA-PERPINAN M A,HINTON G E. On contrastive divergence learning[C]//Citeseer. Aistats:volume 10. Citeseer,2005:33-40.

[67] NAIR V,HINTON G E. Implicit mixtures of restricted boltzmann machines[C]. Advances In Neural Information Processing Systems, 2009: 1145-1152.

[68] SALAKHUTDINOV R. Learning deep generative models[J]. Annual Review of Statistics and Its Application,2015,2:361-385.

[69] TIELEMAN T. Training restricted boltzmann machines using approxima-

tions to the likelihood gradi-ent[C]//ACM. Proceedings of the 25th Inter-
national Conference on Machine Learning. ACM,2008:1064-1071.

[70] SALAKHUTDINOV R R. Learning in markov random fields using tem-
pered transitions[C]. Advances In Neural Information Processing Sys-
tems,2009:1598-1606.

[71] DESJARDINS G,COURVILLE A,BENGIO Y,et al. Parallel tempering
for training of restricted Boltzmann machines[C]//MIT Press Cambridge,
MA. Proceedings of the thirteenth International Conference on Artificial
Intelligence and Statistics. MIT Press Cambridge,MA,2010:145-152.

[72] CHO K,RAIKO T,ILIN A. Parallel tempering is efficient for learning re-
stricted boltzmann machines[C]//Citeseer. The 2010 International Joint
Conference on Neural Networks. Citeseer,2010:1-8.

[73] BRÜGGE K,FISCHER A,IGEL C. The flip-the-state transition operator
for restricted boltzmann ma-chines[J]. Machine Learning,2013,93(1):
53-69.

[74] GEHLER P V,HOLUB A D,WELLING M. The rate adapting poisson
model for information retrieval and object recognition[C]//ACM. Proceed-
ings of the 23rd International Conference on Machine Learning. ACM,
2006:337-344.

[75] LAROCHELLE H,BENGIO Y. Classification using discriminative re-
stricted boltzmann machines[C]//ACM. Proceedings of the 25th Interna-
tional Conference on Machine Learning. ACM,2008:536-543.

[76] HJELM R D,CALHOUN V D,SALAKHUTDINOV R,et al. Restricted
boltzmann machines for neuroimaging:an application in identifying intrin-
sic networks[J]. NeuroImage,2014,96:245-260.

[77] HINTON G E. To recognize shapes,first learn to generate images[J]. Pro-
gress In Brain Research,2007,165:535-547.

[78] LAROCHELLE H, MANDEL M, PASCANU R, et al. Learning algo-
rithms for the classification restricted boltzmann machine[J]. Journal of
Machine Learning Research,2012,13(Mar):643-669.

[79] XIE P,DENG Y,XING E. Diversifying restricted boltzmann machine for

document modeling[C]//ACM. Proceedings of the 21th ACM SIGKDD International Conference on Knowledge Discovery and Data Mining. ACM, 2015:1315-1324.

[80] LEE H,EKANADHAM C,NG A Y. Sparse deep belief net model for visual area v2[C]. Advances InNeural Information Processing Systems,2008: 873-880.

[81] JI N,ZHANG J,ZHANG C,et al. Enhancing performance of restricted boltzmann machines via log-sumregularization[J]. Knowledge-Based Systems,2014,63:82-96.

[82] BELKIN M,NIYOGI P,SINDHWANI V. On manifold regularization[C]. International Conference on Artificial Intelligence and Statistics,2005:1.

[83] GENG B,TAO D,XU C,et al. Ensemble manifold regularization[J]. IEEE Transactions on Pattern Analysis and Machine Intelligence,2012,34(6): 1227-1233.

[84] COVER T M,THOMAS J A. Elements of information theory[M]. New York:John Wiley & Sons,2012.

[85] LECUN Y. The mnist database of handwritten digits[J]. http://yann. lecun. com/exdb/mnist/. 1998.

[86] LANG K. Newsweeder:Learning to filter netnews [M]. Amsterdam: Elsevier,1995:331-339.

[87] CORTES C,VAPNIK V. Supportssvector networks[J]. Machine Learning,1995,20(3):273-297.

[88] KÉGL B,BUSA-FEKETE R. Boosting products of base classifiers[C]// ACM. Proceedings of the 26th Annual International Conference on Machine Learning. ACM,2009:497-504.

[89] QI Z,WANG B,TIAN Y,et al. When ensemble learning meets deep learning:a new deep support vector machine for classification[J]. Knowledge-Based Systems,2016,107:54-60.

[90] SWERSKY K,CHEN B,MARLIN B,et al. A tutorial on stochastic approximation algorithms for train-ing restricted boltzmann machines and deep belief nets[C]//IEEE. 2010 Information Theory and Applications

Workshop(ITA). IEEE,2010:1-10.

[91] DOLLÁR P,APPEL R,BELONGIE S,et al. Fast feature pyramids for object detection[J]. IEEE Transactions on Pattern Analysis and Machine Intelligence,2014,36(8):1532-1545.

[92] LIN T Y,DOLLÁR P,GIRSHICK R,et al. Feature pyramid networks for object detection[C]. Proceedings of the IEEE Conference on Computer Vision and Pattern Recognition,2017:2117-2125.

[93] SZEGEDY C,TOSHEV A,ERHAN D. Deep neural networks for object detection[C]. Advances In Neural Information Processing Systems,2013: 2553-2561.

[94] GROSSBERG S. Resonant neural dynamics of speech perception[J]. Journal of Phonetics,2003,31(3-4):423-445.

[95] YUHAS B P,GOLDSTEIN M H,SEJNOWSKI T J. Integration of acoustic and visual speech signals using neural networks[J]. IEEE Communications Magazine,1989,27(11):65-71.

[96] MESNIL G,DAUPHIN Y,YAO K,et al. Using recurrent neural networks for slot filling in spoken language understanding[J]. IEEE/ACM Transactions on Audio,Speech,and Language Processing,2014,23(3):530-539.

[97] YAO K,ZWEIG G,HWANG M Y,et al. Recurrent neural networks for language understanding[C]. Interspeech,2013:2524-2528.

[98] LODISH H,DARNELL J E,BERK A,et al. Molecular cell biology [M]. Macmillan,2008.

[99] LAUDER J M. Neurotransmitters as growth regulatory signals:Role of receptors and second messengers[J]. Trends in Neurosciences,1993,16(6): 233-240.

[100] GRAYBIEL A M. Neurotransmitters and neuromodulators in the basal ganglia[J]. Trends in Neuro-sciences,1990,13(7):244-254.

[101] KOLB B,WHISHAW I Q. An introduction to brain and behavior[M]. Worth Publishers,2001.

[102] DALE H. Pharmacology and nerve-endings [M]. SAGE Publications,1935.

[103] LUNDBERG J M, HÖKFELT T. Coexistence of peptides and classical

neurotransmitters[J]. Trends in Neurosciences,1983,6:325-333.

[104] HÖKFELT T,MILLHORN D,SEROOGY K,et al. Coexistence of pep-
tides with classical neurotransmitters [J]. Experientia, 1987, 43 (7):
768-780.

[105] DAYAN P,ABBOTT L F. Theoretical neuroscience:computational and
mathematical modeling of neural systems [M]. Cambridge:MIT Press,2001.

[106] HNASKO T S,EDWARDS R H. Neurotransmitter corelease:mechanism
and physiological role [J]. Annual Review of Physiology, 2012, 74:
225-243.

[107] JONAS P,BISCHOFBERGER J,SANDKÜHLER J. Corelease of two
fast neurotransmitters at a central synapse[J]. Science,1998,281(5375):
419-424.

[108] VINCENT P,LAROCHELLE H,LAJOIE L,et al. Stacked denoising au-
toencoders:Learning useful represen-tations in a deep network with a lo-
cal denoising criterion[J]. Journal of Machine Learning Research,2010,
11(Dec):3371-3408.

[109] NG A. Sparse autoencoder[J]. CS294A Lecture Notes,2011,72(2011):
1-19.

[110] HORNIK K, STINCHCOMBE M, WHITE H. Multilayer feedforward
networks are universal approximators[J]. Neural Networks,1989,2(5):
359-366.

[111] CHOROWSKI J, ZURADA J M. Learning understandable neural net-
works with nonnegative weight con-straints[J]. IEEE Transactions on
Neural Networks and Learning Systems,2014,26(1):62-69.

[112] HOSSEINI-ASL E, ZURADA J M, NASRAOUI O. Deep learning of
part-based representation of data usingsparse autoencoders with nonneg-
ativity constraints [J]. IEEE Transactions on Neural Networks and
Learning Systems,2015,27(12):2486-2498.

[113] ARIK S O,PFISTER T. TabNet:Attentive interpretable tabular learning
[C]. AAAI Conference on Artificial Intelligence,2021:6679-6687.

[114] CHEN T,GUESTRIN C. XGBoost:A scalable tree boosting system[C].

International Conference on Knowledge Discovery and Data Mining, 2016:785-794.

[115] KE G,MENG Q,FINLEY T,et al. Lightgbm:A highly efficient gradient boosting decision tree[J]. Advances in Neural Information Processing Systems,2017,30(01):1-9.

[116] SONG W,SHI C,XIAO Z,et al. Autoint:Automatic feature interaction learning via self-attentive neural networks[C]. ACM International Conference on Information and Knowledge Management,2019:1161-1170.

[117] 李航. 统计学习方法[M]. 北京:清华大学出版社,2012.

[118] BOUSMALIS K,TRIGEORGIS G,SILBERMAN N,et al. Domain separation networks[J]. Advances in Neural Information Processing Systems,2016,29(1):343-351.

[119] IOFFE S,SZEGEDY C. Batch normalization:Accelerating deep network training by reducing internal covariate shift[C]. International Conference on Machine Learning,2015:448-456.

[120] HOFFER E, HUBARA I,SOUDRY D. Train longer,generalize better: Closing the generalization gap in large batch training of neural networks [J]. Advances in Neural Information Processing Systems,2017,30(01): 1-11.

[121] MARTINS A,ASTUDILLO R. From softmax to sparsemax:A sparse model of attention and multi-label classification[C]. International Conference on Machine Learning,2016:1614-1623.

[122] GOODFELLOW I, BENGIO Y, COURVILLE A. Deep learning[M]. MIT Press,2016.

[123] DAUPHIN Y N,FAN A,AULI M,et al. Language modeling with gated convolutional networks[C]. International Conference on Machine Learning. 2017:933-941.

[124] HU J,SHEN L,SUN G. Squeeze-and-excitation networks[C]. IEEE Conference on Computer Vision and Pattern Recognition. 2018:7132-7141.

[125] MURTAGH F. Multilayer perceptrons for classification and regression [J]. Neurocomputing,1991,2(5):183-197.

[126] MITCHELL R, ADINETS A, RAO T, et al. XGBoost: Scalable GPU accelerated learning[J]. ArXiv Preprint ArXiv: 1806. 11248,2018.

[127] RIEDMILLER M, LERNEN A. Multi layer perceptron [J]. Machine Learning Lab Special Lecture, University of Freiburg, 2014:7-24.

[128] TANNO R, ARULKUMARAN K, ALEXANDER D, et al. Adaptive neural trees [C]. International Conference on Machine Learning. 2019: 6166-6175.

[129] YANG Y, MORILLO I G, HOSPEDALES T M. Deep neural decision trees[J]. ArXiv Preprint ArXiv: 1806. 06988,2018.

[130] YE J, CHOW J-H, CHEN J, et al. Stochastic gradient boosted distributed decision trees[C]. ACM Conference on Information and Knowledge Management, 2009:2061-2064.

[131] LECUN Y, BOTTOU L, BENGIO Y, et al. Gradient-based learning applied to document recognition [J]. Proceedings of the IEEE, 1998, 86 (11):2278-2324.

[132] SIMONYAN K, ZISSERMAN A. Very deep convolutional networks for large-scale image recognition[J]. ArXiv Preprint ArXiv: 1409. 1556,2014.

[133] LAROCHELLE H, ERHAN D, COURVILLE A, et al. An empirical evaluation of deep architectures on problems with many factors of variation[C]. Proceedings of the 24th International Conference on Machine learning, 2007:473-480.

[134] RIFAI S, VINCENT P, MULLER X, et al. Contractive auto-encoders: Explicit invariance during feature extraction[C]//Omnipress. Proceedings of the 28th International Conference on International Conference on Machine Learning. Omnipress, 2011:833-840.

[135] NAIR V, HINTON G E. Rectified linear units improve restricted boltzmann machines[C]. Proceedings of the 27th International Conference on Machinelearning(ICML-10), 2010:807-814.

[136] MASS A L, HANNUN A Y, NN A Y. Rectifier nonlinearities improve neural network acoustic models[C]. Proc. icml, 2013,30:3.

[137] XU B, WANG N, CHEN T, et al. Empirical evaluation ofrectified activa-

tions in convolutional network[J]. ArXiv Preprint ArXiv:1505. 00853,2015.

[138] WEN Y, ZHANG K, LI Z, et al. A discriminative feature learning approach for deep face recognition[C]//Springer. European Conference on Computervision. Springer,2016,499-515.

[139] SRIVASTAVA N,HINTON G,KRIZHEVSKY A,et al. Dropout:a simple way to prevent neural networks from overfitting[J]. The journal of machine learning research,2014,15(1):1929-1958.

[140] BRUNA J,MALLAT S. Invariant scattering convolution networks[J]. IEEE Tranactions on Pattern Analysis and Machine Intelligence,2013,35 (8):1872-1886.

[141] CHAN T H,JIA K,GAO S,et al. Pcanet:A simple deep learning baseline for image classification? [J]. IEEE Transactions on Image Processing, 2015,24(12):5017-5032.

[142] SABOUR S,FROSST N,HINTON G E. Dynamic routing between capsules[C]. Advances in neural information processing systems,2017:3856-3866.

[143] HINTON G E,SABOUR S,FROSST N. Matrix capsules with em routing[C]. ICLR,2018.

[144] MOHAMMED A A,MINHAS R,WU Q J,et al. Human face recognition bas-ed on multidimensional pca and extreme learning machine[J]. Pattern Recognition,2011,44(10):2588-2597.

[145] PAN C,PARK D S,YANG Y,et al. Leukocyte image segmentation by visual attention and extreme learning machine[J]. Neural Computing and Applic ations,2012,21(6):1217-1227.

[146] HE Q,JIN X,DU C,et al. Clutering in extreme learning machine feature space[J]. Neurocomputing,2014,128:88-95.

[147] SCHMIDHUBER J. Deep learning in neural networks:An overview[J]. Neural Networks,2015,61:85-117.

[148] KASUN L L C,ZHOU H,HUANG G B,et al. Representational learning with ELMs for big data[J]. IEEE Intelligent Systems, 2013, 28 (6): 31-34.

[149] TISSERA M D,MCDONNELL M D. Deep extreme learning machines: supervised autoencoding architecture for classification[J]. Neurocomputing,2016,174:42-49.

[150] YU W,ZHUANG F,HE Q,et al. Learning deep representations via extreme learning machines[J]. Neurocomputing,2015,149:308-315.

[151] HU J,ZHANG J,ZHANG C,et al. A new deep neural network based on a stack of single-hidden-layer feedforward neural networks with randomly fixed hidden neurons[J]. Neurocomputing,2016,171:63-72.

[152] VON LUXBURG U. A tutorial on spectral clustering[J]. Statistics and Computing,2007,17(4):395-416.

[153] JOHNSON W B,LINDENSTRAUSS J. Extensions of lipschitz mappings into a hilbert space [J]. Contemporary Mathematics, 1984, 26 (189-206):1.

[154] BELKIN M,NIYOGI P. Using manifold stucture for partially labeled classification[C]. Advances in Neural Information Processing Systems, 2002:929-936.

[155] LICHMAN M. UCI Machine Learning Repository[M/OL]. http://archive. ics. uci. edu/ml. 2013.

[156] MELACCI S,BELKIN M. Laplacian support vector machines trained in the p-rimal[J]. The Journal of Machine Learning Research, 2011, 12: 1149-1184.

[157] PAPADIMITRIOU C H,STEIGLITZ K. Combinatorial Optimization: Algorithms and Complexity[M]. New Jersey:Courier Corporation,1982.

[158] HINTON G E. Training products of experts by minimizing contrastive divergence[J]. Neural Computation,2002,14(8):1771-1800.

[159] LECUN Y,BENGIO Y,HINTON G. Deep learning[J]. Nature,2015,521 (7553):436.

[160] HU H,PANG L,SHI Z. Image matting in the perception granular deep learning[J]. Knowledge-Based Systems,2016,102:51-63.

[161] CAO X,ZHOU F,XU L,et al. Hyperspectral image classification with markov random fields and a convolutional neural network [J]. IEEE

Transactions on Image Processing. 2018,27(5):2354-2367.

[162] SUN K,ZHANG J,ZHANG C,et al. Generalized extreme learning machine autoencoder and a new deep neural network[J]. Neurocomputing. 2017,230:374-381.

[163] SAINATH T N,MOHAMED A R,KINGSBURY B,et al. Deep convolutional neural networks for lvcsr[C]//IEEE. Acoustics,Speech and Signal Processing(ICASSP),2013 IEEE International Conference on. IEEE, 2013:8614-8618.

[164] SUTSKEVER I,VINYALS O,LE Q V. Sequence to sequence learning with neural networks[C]. Advances in Neural Information Processing Systems,2014:3104-3112.

[165] HEATON J,POLSON N,WITTE J H. Deep learning for finance:deep port-folios[J]. Applied Stochastic Models in Business and Industry,2017, 33(1):3-12.

[166] WU H,ZHANG Z,YUE K,et al. Dual-regularized matrix factorization with deep neural networks for recommender systems[J]. Knowledge-Based Systems,2018.

[167] STUHLSATZ A,LIPPEL J,ZIELKE T. Feature extraction with deep neural networks by a generalized discriminant analysis[J]. IEEE Transactions on Neural Networks and Learning Systems, 2012, 23 (4): 596-608.

[168] LIONG V E,LU J,WANG G. Face recognition using deep pca[C]// IEEE. Information,Communications and Signal Processing(ICICS) 2013 9th International Conference on. IEEE,2013:1-5.

[169] LU J,LIONG V E,WANG G,et al. Joint feature learning for face recognition[J]. IEEE Transactions on Information Forensics and Security, 2015,10(7):1371-1383.

[170] LEI Z,PIETIKÄINEN M,LI S Z. Learning discriminant face descriptor [J]. IEEE Transactions on Pattern Analysis and Machine Intelligence, 2014,3(2):289-302.

[171] YANG M,ZHANG L,FENG X,et al. Fisher discrimination dictionary le-

arningfor sparse representation[C]//IEEE. Computer Vision(ICCV), 2011 IEEE International Conference on. IEEE,2011:543-550.

[172] YU K,LIN Y,LAFFERTY J. Learning image representations from the pixel leel via hierarchical sparse coding[C]//IEEE. Computer Vision and Pattern Recognition (CVPR), 2011 IEEE Conference on. IEEE, 2011: 1713-1720.

[173] BELONGIE S,MALIK J,PUZICHA J. Shape matching and object recognition using shape contexts[J]. IEEE transactions on Pattern Analysis and Machine Intelligence,2002,24(4):509-522.

[174] KEYSERS D,DESELAERS T,GOLLAN C,et al. Deformation models for image recognition[J]. IEEE Transactions on Pattern Analysis and Machine Intelligence,2007,29(8):1422-1435.

[175] JARRETT K,KAVUKCUOGLU K,LECUN Y,et al. What is the best multi-stage architecture for object recognition? [C]//IEEE. Computer Vision, 2009 IEEE 12th International Conference on. IEEE, 2009: 2146-2153.

[176] ZEILER M D,FERGUS R. Stochastic pooling for regularization of deep convolutional neural networks[J]. ArXiv Preprint ArXiv:1301. 3557,2013.

[177] GOODFELLOW I J,WARDE-FARLEY D,MIRZA M,et al. Maxout networks[J]. ArXiv Preprint ArXiv:1302. 4389,2013.

[178] GEORGHIADES A S,BELHUMEUR P N,KRIEGMAN D J. From few to many: illumination cone models for face recognition under variable lighting andpose[J]. IEEE Transactions on Pattern Analysis and Machine Intelligence,2001,23(6):643-660.

[179] LIU W,WEN Y,YU Z,et al. Sphereface: Deep hypersphere embedding forface recognition[C]. The IEEE Conference on Computer Vision and Pattern Recognition(CVPR),2017,1:1.

[180] SU H,MAJI S,KALOGERAKIS E,et al. Multi view convolutional neural networks for 3d shape recognition[C]. ICCV,2015.

[181] WANG C,PELILLO M,SIDDIQI K. Dominant set clustering and pooling for multi-view 3d object recognition[J]. ArXiv:1906. 01592,2019.

[182] FENG Y,ZHANG Z,ZHAO X,et al. Gvcnn:Group-view convolutional neuralnetworks for 3d shape recognition[C]. CVPR,2018.

[183] JIANG J,BAO D,CHEN Z,et al. Mlvcnn:Multi-loop-view convolutional neural network for 3d shape retrieval[C]. AAAI,2019.

[184] JOHNS E,LEUTENEGGER S,DAVISON A J. Pairwise decomposition of image sequences for active multi-view recognition[C]. CVPR,2016.

[185] KANEZAKI A,MATSUSHITA Y,NISHIDA Y. Rotationnet:Joint object categorization and pose estimation using multiviews from unsupervised viewpoints[C]. CVPR,2018.

[186] YU T,MENG J,YUAN J. Multi-view harmonized bilinear network for 3d object recognition[C]. CVPR,2018.

[187] HAN Z,Shang M,LIU Z,et al. Seqviews2seqlabels:Learning 3d global features via aggregating sequential views by rnn with attention[J]. IEEE Transactions on Image Processing,2018,28(2):658-672.

[188] MATURANA D,SCHERER S. Voxnet:A 3d convolutional neural network forreal-time object recognition[C]. IEEE/RSJ International Conference on Intelligent Robots and Systems,2015.

[189] BROCK A,LIM T,RITCHIE J M,et al. Generative and discriminative voxel modeling with convolutional neural networks[J]. ArXiv Preprint ArXiv:1608. 04236,2016.

[190] QI C R,SU H,MO K,et al. Pointnet:Deep learning on point sets for 3d classification and segmentation[C]. CVPR,2017.

[191] QI C R,YI L,SU H,et al. Pointnet++:Deep hierarchical feature learningon point sets in a metric space[C]. NeurIPS,2017.

[192] LI J,CHEN B M,HEE LEE G. So-net:Self-organizing network for point cloud analysis[C]. CVPR,2018.

[193] LIU Y,FAN B,XIANG S,et al. Relationshape convolutional neural networkfor point cloud analysis[C]. CVPR,2019.

[194] CHERAGHIAN A,PETERSSON L. 3dcapsule:Extending the capsule architectureto classify 3d point clouds[C]. 2019 IEEE Winter Conference on Applications of Computer Vision,2019.

[195] ZHAO Y,BIRDAL T,DENG H,et al. 3d point capsule networks[C]. CVPR,2019.

[196] WU Z,SONG S,KHOSLA A,et al. 3d shapenets: A deep representation forvolumetric shapes[C]. CVPR,2015.

[197] CHATFIELD K,SIMONYAN K,VEDALDI A,et al. Return of the devil in the details: Delving deep into convolutional nets[J]. ArXiv: 1405. 3531,2014.

[198] KINGMA D P,BA J L. Adam: A method for stochastic optimization[C]. ICLR,2015.

[199] KAZHDAN M,FUNKHOUSER T,RUSINKIEWICZ S. Rotation invariant spherical harmonic representation of 3d shape descriptors[C]. Symposium on geometry processing,2003.

[200] CHEN D Y,TIAN X P,SHEN Y T,et al. On visual similarity based 3d model retrieval[C]. Computer graphics forum,2003.

[201] KLOKOV R,LEMPITSKY V. Escape from cells: Deep kd-networks for the recognition of 3d point cloud models[C]. ICCV,2017:863-872.

[202] QI C R,SU H,NIEßNER M,et al. Volumetric and multi-view cnns for object classification on 3d data[C]. CVPR,2016.

[203] BAI S,BAI X,ZHOU Z,et al. Gift: Towards scalable 3d shape retrieval [J]. IEEE Transactions on Multimedia,2017,19(6):1257-1271.

[204] SU J C,GADELHA M,WANG R,et al. A deeper look at 3d shape classifies[C]. ECCV,2018.

[205] LI B,LU Y,LI C,et al. Shrec'14 track: Extended large scale sketch-based 3d shape retrieval[C]//Eurographics Workshop on 3D Object Retrieval, 2014:121-130.

[206] BAI S,ZHOU Z,WANG J,et al. Ensemble diffusion for retrieval[C]. ICCV,2017.

[207] YAVARTANOO M,KIM E Y,LEE K M. Spnet: Deep 3d object classification and retrieval using stereo-graphic projection[C]. ACCV,2018.

[208] SFIKAS K,PRATIKAKIS I,THEOHARIS T. Ensemble of panorama-based convolutional neural networks for 3d model classification and re-

trieval[J]. Computers & Graphics,2018.

[209] HE X,ZHOU Y,ZHOU Z,et al. Triplet-center loss for multi-view 3d object etrieval[C]. CVPR,2018:1945-1954.

[210] FURUYA T, OHBUCHI R. Ranking on cross-domain manifold for sketch-based 3d model retrieval[C]//IEEE. 2013 International Conference on Cyberworlds. IEEE,2013:274-281.

[211] LI B,LU Y,GODIL A,et al. SHREC'13 track:large scale sketch-based 3D shape retrieval[M]. Maryland:National Institute of Standards and Technology,2013.

[212] TATSUMA A,KOYANAGI H,AONO M. A large-scale shape benchmark for 3dobject retrieval:Toyohashi shape benchmark[C]//IEEE. Proceedings of The 2012 Asia Pacific Signal and Information Processing Association Annual Summit and Conference. IEEE,2012:1-10.

[213] WANG F,KANG L,LI Y. Sketch-based 3d shape retrieval using convolutional neural networks[C]. CVPR,2015:1875-1883.

[214] DAI G,XIE J,ZHU F,et al. Deep correlated metric learning for sketch-based 3d shape retrieval[C]. AAAI,2017.

[215] XIE J,DAI G,ZHU F,et al. Learning barycentric representations of 3d shapes for sketch-based 3d shape retrieval[C]. CVPR,2017:5068-5076.

[216] SOHN K. Improved deep metric learning with multi-class n-pair loss objective[C]. NeurIPS,2016:1857-1865.

[217] OH SONG H,XIANG Y,JEGELKA S,et al. Deep metric learning via lifted structured feature embedding[C]. CVPR,2016:4004-4012.

[218] XU L,SUN H,LIU Y. Learning with batch-wise optimal transport loss for 3d shape recognition[C]. CVPR,2019:3333-3342.

[219] 刘云霞,田甜,顾嘉钰,等. 基于大数据的城市人口社会经济特征精细时空尺度估计——数据、方法与应用[J]. 人口与经济,2022,1:42-57.